한국농어업유산 총서 2

의성 전통수리농업유산

한국농어업유산 총서 2

의성 전통수리농업유산

초판 1쇄 인쇄 | 2023년 11월 9일
초판 1쇄 발행 | 2023년 11월 16일

글·사진 | (사)한국농어촌유산학회

펴낸이 | 김남석
발행처 | ㈜대원사
주 소 | 06342 서울시 강남구 개포로 140길 32, B1
전 화 | (02)757-6711, 6717
팩시밀리 | (02)775-8043
등록번호 | 제3-191호
홈페이지 | http : //www.daewonsa.co.kr

정가 28,000원

Daewonsa Publishing Co., Ltd
Printed in Korea 2023

ISBN | 978-89-369-2262-7

한국농어업유산 총서 2

의성 전통수리농업유산

글·사진 (사)한국농어촌유산학회

대원사

농업유산을 활용한 농촌 발전에 의미 있는 기여가 되길 바라며

(사)한국농어촌유산학회는 농림축산식품부와 해양수산부에서 지정·관리하고 있는 국가중요농어업유산의 가치와 특성을 규명하고 소개하는 연구서의 필요성을 인식하여 2020년부터 농어업유산 총서를 발간해 오고 있다. 그 일환으로 이번에 두 번째로『의성 전통수리농업유산』을 출간하게 되었다.

의성은 벼농사를 짓기에 비가 많이 부족한 소우지역이지만 예로부터 독특한 농업문화를 발전시켜 왔다. 이 지역의 선조들은 오래전부터 강수량이 적어 농사에 불리한 조건에도 불구하고 특별한 농업 시스템을 발전시켜 오늘에 이르고 있다. 그 결과 의성군에는 약 6,200개가 넘는 저수지와 둠벙이 있으며, 물을 아껴 쓰고 나누어 쓰는 농업방식과 수리 시스템, 그리고 공동체 문화가 전해지고 있다. 이러한 점들이 두루 고려되어 지난 2018년, 우리나라를 대표하는 국가중요농업유산 제10호로 지정된 것이다.

농업유산 속에는 인간이 유사 이래 농업 활동을 지속하여 오면서 여러 외적 변화에 대응하고 적응한 노력이 담겨 있다. 그 속에는 현재 진행되고 있는 기후 변화와 농업환경 변화에 대응하여 인류가 지속 가능한 발전을 위한 해법을 찾아낼 지혜가 담겨 있는 것이다. 그래서 국제연합식량농업기구는 농업유산제도를 도입하여 범지구적인 차원에서 이를 보전, 계승하여 후세에 전하고자 하는 것이다.

의성의 전통수리농업 시스템은 우리가 잘 보전하여야 할 소중한 유산이며, 본서는 그 구체적인 내용을 담고자 하였다. 현장에서 노력해 오신 의성 지역주민의 헌신과 노력에 다시 한번 감사의 말씀과 함께 격려의 박수를 보낸다.

본서의 출판은 김주수 의성 군수님과 관계자 여러분의 도움이 있었기에 가능했다. 이 자리를 빌려 깊은 감사의 말씀을 드린다. 아울러 어려운 출판 사정에도 불구하고 농업유산 분야 저술 발간에 앞장서 주시는 대원사 김남석 대표님께도 깊은 감사의 말씀을 전한다.

올해는 우리나라가 농업유산제도를 도입한 지 10년이 되는 해이다. 이런 뜻깊은 해를 맞이하여 본서의 발간이 농업유산을 활용한 농촌 발전의 이론과 실제에 의미 있는 기여가 될 수 있기를 기대한다.

2023년 11월, 저자들을 대표하여

이유직((사)한국농어촌유산학회장) 씀

차 례

1
농업유산의 의미

세계중요농업유산 도입 이후 농업유산의 개념은 농림어업인이 지역사회의 문화적·농업적·생물학적 환경에 적응하면서 오랜 기간 형성되고 진화해 온 보전·유지 및 전승할 만한 가치가 있는 전통적 농업 시스템과 그 결과로서 나타난 농어촌의 경관을 말한다.

농업유산

농업유산의 개념과 의미

일반적으로 농업유산이라 함은 농업과 관련하여 전승되어 온 귀중한 유무형의 자산을 지칭한다. 이 같은 일반적인 개념이 구체성을 띠면서 특별한 의미로 사용되기 시작한 것은 2002년에 국제연합식량농업기구인 FAO(Food and Agriculture Organization of the United Nations)가 세계중요농업유산(GIAHS : Globally Important Agricultural Heritage Systems) 제도를 운영하면서부터다.

세계중요농업유산 도입 이후 농업유산의 개념은 농림어업인이 지역사회의 문화적·농업적·생물학적 환경에 적응하면서 오랜 기간 형성되고 진화해 온 보전·유지 및 전승할 만한 가치가 있는 전통적 농업 시스템과 그 결과로서 나타난 농어촌의 경관으로 정의하고 있다.

세계중요농업유산은 다음 세대로 전승해야 할 세계적으로 중요한 농업[1)]기술과 생물다양성 등을 가진 중요한 농업유산의 발굴과 보전을 통하여 농업 생물다양성을 보전함으로써 향후 인류에게 닥칠지도 모르는 식량 위기에 대처하고자 하는 포

***

1) FAO에서 사용하는 농업유산의 의미는 농업·임업·목축업·어업을 모두 포괄하는 개념으로, 이를 단순화한 용어로 사용하고 있다.

괄적인 목적을 가지고 있다.

농업유산의 개념을 좀 더 세분화해서 살펴보면, 농업 활동이 이루어지는 전통적 농업 시스템(토지 및 물 이용 시스템과 농업 및 생태 시스템)이라는 소프트웨어적 요소와 이에 의해서 형성된 하드웨어로서의 경관이라는 두 가지 개념으로 구성되어 있다. 즉 농업유산은 인류의 농경 활동에 의해 오랜 세월에 걸쳐 발전되고 정착된 전통적 농업 시스템과 그 시스템의 결과로 나타난 토지 이용의 변화로 형성된 경관을 포괄하는 개념이다.

농업유산 개념의 구성 요소

농업 시스템(소프트웨어적 요소)	경관(하드웨어적 요소)
전통적 농업 시스템, 농업 생물다양성과 생태 시스템, 공동체의 지식 및 기술, 문화체계	농림어업, 목축 활동, 수자원 이용과 관련된 토지 이용의 결과로 축적되어 나타나는 지역 경관

세계중요농업유산이란, "remarkable land use systems and landscapes which are rich in globally significant biological diversity evolving from the co-adaptation of a community with its environment and its needs and aspirations for sustainable development"(FAO, 2002)로 제시되어 있다. 즉 지역사회의 지속 가능한 발전에 대한 열망과 환경과의 동반 적응을 통해 생물다양성이 잘 유지되고 있는 토지 이용 시스템과 경관으로 정의하고 있다.

농업유산은 유네스코의 세계유산(World Heritage) 등 다른 제도들이 하드웨어적 요소를 주된 대상으로 설정하고 있는 반면, 농업 시스템이라는 소프트웨어적 요소가 중요하다는 점에서 차별성을 갖는다.

FAO는 농업 생물다양성의 가치를 매우 중시하고 있는데, 이는 규모화·기계화 농업 확산에 따른 농업 생물다양성 붕괴 현상이 인류의 식량 문제에 심각한 위협 요소가 될 수 있기 때문이다. 농업의 규모화와 산업화에 따라 한 가지 단일작물 재배 방식(Monoculture)으로 토지 이용이 변화하게 되고, 이는 필연적으로 농업 생물다양성 손실로 나타난다. 이러한 지속 가능하지 않은 농업 시스템의 확산과 농업 생물다양성 축소는 식품의 다양성 감소와 식량 위기의 위험성 증가로 이어지게 된다.

농업유산은 이러한 중요성을 가진 농업 생물다양성[2)]의 보전을 통해 인류의 식량 문제에 대응하고자 농업 생물다양성(Agro-Biodiversity)과 농생태학(Agro-Ecology)의 중요성을 강조한다. 그러면서 전통적 농업 시스템을 보전하고, 이를 후세대에 계승하여 농업 분야의 지속 가능한 발전을 위해 도입된 것이다.

FAO 발표에 의하면 6,000여 종의 식물이 식량으로 재배되고 있다고 한다. 그런데 이 중 200종 미만이 세계적·지역적·국가적으로 주요한 식량 작물로서 재배되고 있고, 이 가운데 9종이 전 세계 식량 생산의 3분의 2 이상을 차지하고 있다고 한다.

이러한 단일작물 중심의 대량 생산 체계는 인류의 식량 안보 측면에서 위협적인 요소다. 기후 변화 대응 필요성 증가와 세계적 대기근을 유발했던 농산물 질병 확산 등 과거 역사에 비춰 보면, 전통적 농업 시스템 보전을 통한 농업의 지속가능성 확보와 농업환경의 회복력 강화가 세계적 의제로서 중요성이 부각된다. 이는 또한 개발도상국 등 대부분 지역에서 전통적 복합재배 농업 시스템에 의한 식량 생산 방식이 규모화와 화학비료를 사용하는 단일작물 생산 방식보다 단위 면적당 생산성도 높고 지속가능성도 높다는 인식에도 근거하고 있다.

현재까지 인류의 농업 방식을 크게 3단계로 구분하면, 첫째 단계는 수렵 채취

***

2) 농업 생물다양성은 농작물, 가축, 임업 및 어업을 포함하여 식품 및 농업에 직간접적으로 사용되는 동식물 및 미생물의 다양성 및 가변성이다. (FAO, 1999)

농업의 시기로 사냥과 낚시, 채집 등을 통해 식량을 조달하는 생존을 위한 초기 단계다. 두 번째는 전통적 농업 단계로, 인력과 가축을 활용한 정착식 농업 방식으로 식량의 증산과 지역 단위 농업 도입을 통한 정착 단계다. 세 번째는 산업화된 농업 단계로, 규모화·기계화에 의한 대량 생산과 농약·화학비료 투입을 통한 농업의 산업화가 이루진 현재의 단계다. 현재의 고투입 고산출 산업화된 농업 방식의 지속 가능성에 대해서는 다양한 분야에서 의문을 제기하고 있다.

세계중요농업유산은 지속 가능한 농업 방식으로 전통적인 친환경농업과 생태 농업의 회복을 제시하고, 농생태적 농업 단계를 미래의 농업 방식으로 제안하고 있다. 미래의 농업은 계속 증대되는 식량 수요에 대응하여 식량을 안정적으로 생산하고, 동시에 지구환경의 생태계를 안정적이고 조화롭게 관리하는 역할도 중요하다. 그러므로 농업유산이 점차 사라져 가고 있는 전통적이고 지속 가능한 농업 시스템 보전을 통해 농업의 미래를 보전하는 활동으로서의 중요성도 지니고 있다.

농업유산은 농업 시스템과 이러한 농업 시스템의 물적 결과물인 경관으로 단순화해서 정리할 수 있다. 이 '농업 시스템'이라는 복합적 요소는 오랜 시간 축적된 농업기술과 지식체계, 농업문화 등이 복합적으로 축적되어 형성된 것이다. 또한 지역성에 기반해 오랜 세월 동안 자연 선택과 인간의 상호 작용을 통해 지속 가능한 방식으로 발전, 정착되어 현재까지도 보전되고 있는 지역의 전통적인 농업 시스템[3]과 이 시스템을 담고 있는 토지 이용의 결과인 경관이 농업유산의 핵심적인 구성 요소다. 여기서 경관은 일반적인 의미의 경관, 즉 시각적인 풍경을 의미하는 것이 아니다. 지역의 농업 시스템과 관련된 다양한 토지 이용의 복합적인 결과로

***

3) 전통적 농업 시스템은 규모화·산업화된 현대적인 농업과는 대조되는 생산체계로서 주로 생계농업(Subsistence Farming)을 말하며, 이는 주로 가족농과 소수의 종족에 의해 협업으로 이루어지는 소규모 생산 활동이 대부분이다.

나타나는 토지 이용 패턴이 중첩되고 축적된 포괄적인 경관의 의미다.

문화유산 등 다른 제도와의 차별성

농업유산은 역사·문화유산 등 다양한 유산제도와 혼돈되기 쉽고, 일반인들이 농업유산의 정확한 의미를 파악하는 것도 쉽지 않다. 우선, 농업유산은 보존, 규제 중심의 문화재와는 구별된다. 따라서 농업·농촌의 관점에서 전통적인 농업 활동과 농업 시스템의 보전, 활용의 관점이 중요시된다.

다양한 유산 관련 제도들은 고유의 목적과 지정 기준을 가지고 독자적으로 운영되고 있으므로 하나의 유산이 다양한 유산으로 중복 지정되는 경우도 발생한다. 즉, FAO의 세계중요농업유산과 유네스코의 세계유산이 중복 지정된 경우[4]도 다수 있다. 이러한 중복 지정은 유사하지만 서로 다른 유산들의 공통점과 차별점을 더욱 모호하게 하고 있다. 하지만 조금 자세히 살펴보면, 농업유산은 분명 다른 유산제도들과는 차별화되는 고유한 영역이 있음을 확인할 수 있다.

FAO의 세계중요농업유산은 농업 활동이 이루어지는 농업 시스템에 의하여 생물다양성이 보존되고, 식량의 안전한 공급이 확보되며, 지역사회를 유지하는 등 기능을 가져야 한다. 이러한 차별성은 유네스코의 세계유산제도[5]와 구별된다.

유네스코 세계유산은 자연유산, 문화유산, 복합유산, 문화적 경관 등 다양한 분

***

4) 대표적으로 중국의 하니족의 다랑이논 문화경관, 필리핀의 이푸가오 다랑이논, 멕시코 소치밀코 치남파농업 등이 유네스코 세계유산과 FAO 세계중요농업유산에 중복 지정된 경우다.

5) 유네스코의 세계유산은 보존할 가치가 있는 인류의 보편적인 문화유산 및 자연유산을 지정하는 것으로, 세계유산(문화유산, 자연유산, 복합유산)·무형유산·기록유산으로 분류된다.

2012년 3월 농업유산제도 도입을 위한 정책연구[10]를 수행하면서 발빠르게 농림축산식품부가 제도화를 시행하였다.

2012년 12월에 농어업유산 지정 관리 기준을 제정·고시[11]하여 기초적인 제도적인 기반이 구축되었고, 2015년에는 농어업인 삶의 질 향상 및 농어촌 지역 개발 촉진에 관한 특별법을 개정하여 농업유산의 법적 기반을 구축하였다. 농업유산제도는 농림수산식품부에서 시행한 다른 제도들에 비해 매우 빠르게 제도화가 이루어진 특별한 사례 중 하나로, 그만큼 제도 도입의 필요성에 대한 공감대가 컸고 시급했음을 반증하고 있다.

우리나라 최초의 국가중요농업유산 지정은 국가중요농업유산 제도화를 바탕으로 농림수산식품부에서 2012년 9월까지 시군에서 신청한 64개소의 농업유산 후보가 접수되면서 시작되었다. 그중 1차로 서류심사를 거쳐 20개소를 선정한 후, 현장심사를 통해 후보 목록 13개소를 선별하였다. 이후 2013년 1월, 제1회 국가중요농업유산 심의위원회[12]를 개최하여 최초로 완도의 청산도 구들장논을 국가중요농업유산 제1호로 지정하였고, 제주도 흑룡만리 밭담을 제2호 국가중요농업유산으로 지정하였다.

국가중요농업유산은 국가 단위에서 농업유산의 보전과 활용을 위한 제도로서 2013년 3월 우리나라와 중국이 거의 동일한 시기에 세계 최초로 제도를 도입하여

***

10) 박윤호 외, 「농어촌자원의 농어업유산 지정을 위한 기준 정립 및 관리 시스템 개발 연구」, 농림수산식품부·한국농어촌공사 농어촌연구원, 2012

11) 농림수산식품부에서 농업유산제도의 법적 근거 마련을 위해 '농어업유산 지정 관리 기준'을 2012년 11월에 공고하여 관계부처 협의 및 법제처 심사 등을 거쳐 농림수산식품부 고시 제2012-285호로 2012년 12월 6일에 고시하였다.

12) 농어업유산 지정 관리 기준 고시에 따라 2012년 12월에 농림수산식품부 농촌정책국장을 포함한 16명의 전문가로 국가중요농업유산 심의위원회가 구성되었고, 현재는 국가중요농업유산 자문위원회로 변경되어 운영되고 있다.

시행하고 있다. 일본은 우리나라와 중국의 사례를 벤치마킹하여 2017년에 국가중요농업유산제도를 도입하였고, 이외에도 칠레, 모로코, 브라질 등 일부 국가에서 국가중요농업유산제도를 도입하여 운영하고 있다. FAO GIAHS 사무국에서도 국가 단위의 농업유산제도 도입을 권고하고 있다.

우리나라는 국가중요농업유산제도에서 나아가 도 단위 지방농업유산제도[13]를 도입하여 운영하고 있다. 전라남도가 최초로 도중요농업유산을 지정하여 운영하고 있으나 활발히 운영되고 있지는 않은 실정이다. 다른 광역지자체에서도 농업유산 관련 조례를 제정하여 도 단위 농업유산의 보전과 활용을 위한 다양한 노력을 시행하고 있다.

전라남도 중요농어업유산

농업유산 중 세계중요농업유산으로 등재 가능한 유산은 국가 차원에서 추진하고, 농업유산으로서 세계적인 중요성은 미흡하지만 국가적으로 보전·활용할 수

***

13) 농업유산 관련 가장 활발한 제도를 운영 중인 중국에서도 최근 성(省) 단위 지방농업유산제도를 검토하고 있다.

있는 농업유산은 농림축산식품부가 중앙정부 차원에서 관리한다. 그리고 그 이하의 농업유산은 시도지사가 광역지자체 차원에서 관리하는 방식이다. 이렇게 국가중요농업유산제도는 단계적으로 농업유산의 발굴과 보전, 활용이 이루어지도록 발전 중이다. 하지만 아직은 초기 단계로, 체계적으로 다양한 수준의 농업유산을 관리하기 위한 행정적·재정적·제도적 노력이 필요한 실정이다.

국가중요농업유산은 제도화를 통해 체계적으로 발굴하고, 보전과 활용을 통하여 주민들의 자긍심 제고와 삶의 질 향상, 농촌 공간의 활성화와 경쟁력 제고를 위한 핵심 자원으로 농업유산을 보전하고자 하였다. 또한, 농촌관광(농업유산관광) 등과 연계하여 주민들의 소득 증대 및 전통적 농업문화 보전과 농촌지역의 지역 정체성 확보, 다원적 자원 보전과 생물다양성 증진 등을 목적으로 농업유산을 농촌지역 활성화의 핵심 자원으로 활용하고, 농촌 공간의 가치 제고를 추진하는 복합적인 정책 목표를 포괄하고 있다.

국가중요농업유산의 지정 기준과 지정 현황

농업유산은 지역사회의 환경에 적응하면서 오랜 기간 형성·진화해 온 보전·유지 및 전승할 만한 가치가 있는 전통적 농업 활동 시스템(생산기술, 토지 이용, 물 관리 등)과 경관, 시설물 및 마을(장소)을 통합적으로 지정한다.

농업유산의 지정 기준은 2012년 최초의 농업유산 정책연구를 통해 당초 FAO 세계중요농업유산 기준을 바탕으로 우리나라 현실에 맞도록 수정하여 유산의 가치성, 파트너십, 효과성 등 세 가지 기준을 설정하였다. 그러나 FAO의 세계중요농업유산 지정 기준 변화와 국가중요농업유산 지정 과정에서 제기된 다양한 수정 의견

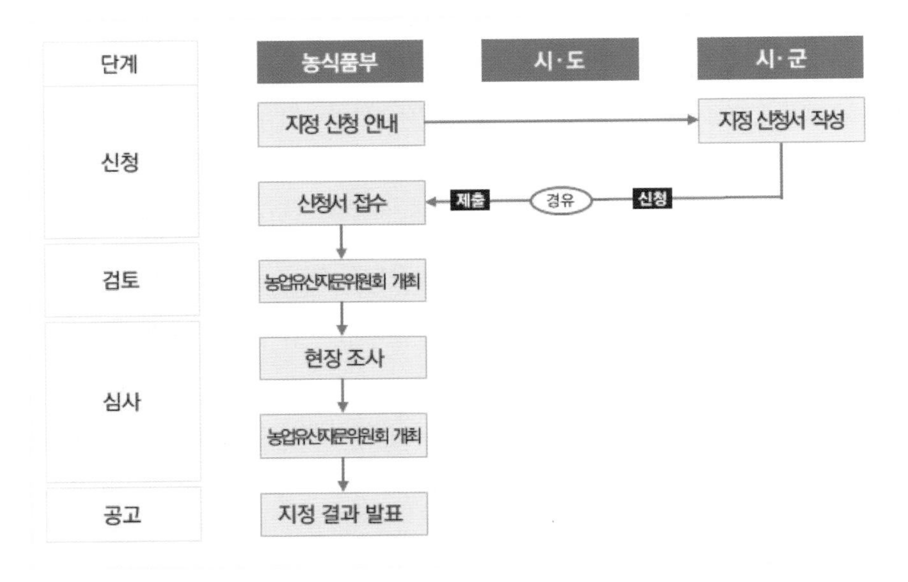

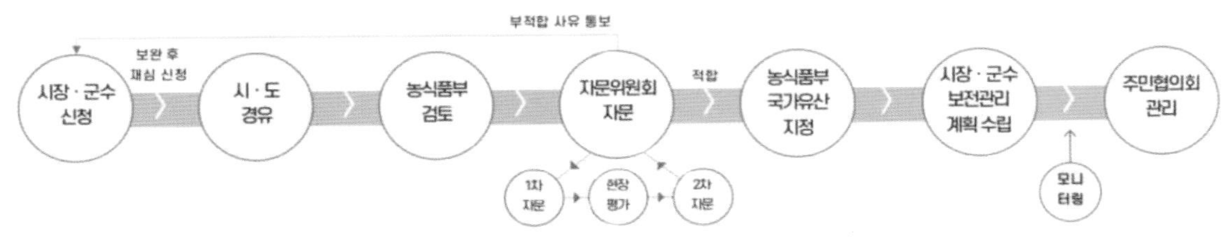

국가중요농업유산 지정 절차

등을 반영하는 몇 차례의 개정을 통해 현재는 FAO의 다섯 가지 선정 기준에 역사성 관련 기준과 주민 참여 및 지자체 협력 관련 기준이 추가돼 운영되고 있다.

기준1 주민 참여	기준2 농업자원의 역사성
농업자원으로서 가치가 높고 주민의 참여 및 지자체와 협력이 원활한 곳	• 역사성과 지속성을 가진 농업 활동 • 농산물의 생산 및 지역 주민의 생계유지에 이용 • 고유의 농업기술 또는 기법 보유 • 농업 활동과 연계된 전통 농업문화의 보유 • 농업 활동과 연계된 특별한 경관의 형성 • 생물다양성의 보존 및 증진에 기여

국가중요농업유산 지정 기준[14]

구 분	항 목	세부 기준
농업 자원의 가치성	역사성과 지속성을 가진 농업 활동	오랜 기간 이어져 온 농업 활동으로 현재에도 농업 활동이 가능할 것
	농산물의 생산 및 지역 주민의 생계유지에 이용	농산물을 생산하며, 그 생산물이 지역 주민의 생계유지에 도움을 주고 있을 것
	고유한 농업기술 또는 기법 보유	농업자원과 관련하여 관행적인 농업기술과 차별되는 고유한 농업기술을 보유하고 있으며, 그 기술이 체계화되어 전승이 가능할 것
	농업 활동과 연계된 전통 농업문화 보유	농업자원과 관련하여 전통적인 농업문화를 형성하였으며, 그 문화가 체계화되어 전승 가능하고 미풍양속으로 보존·계승할 가치가 있을 것
	농업 활동과 관련된 특별한 경관의 형성	농업자원이 농업 활동으로 인하여 특별한 경관을 형성하고 있으며, 이 경관이 관광 등에 활용 가치가 있을 것
	생물다양성의 보존 및 증진에 기여	농업자원으로 인하여 형성된 생물다양성이 풍부하며, 지속적인 보존이 가능할 것
주민 참여 및 지방자치단체와의 협력 관계 유지		농업자원 보전 및 관리를 위한 지역 주민의 자발적인 참여가 있어야 하며, 농업자원 지역 주민 또는 주민협의체와 지방자치단체가 유기적인 협력 관계를 유지하고 있을 것

우리나라의 국가중요농업유산은 처음 제도 도입 후 2013년에 정부조직법 개편으로 이원화되어 운영되고 있다. 2013년 당시 농림축산식품부에서 해양수산부가 분리됨에 따라 기존의 농어업유산에서 어업유산이 분리, 국가중요농업유산제도와 국가중요어업유산제도로 나누어 운영되고 있다.

국가중요농업유산은 2013년 제1호 완도의 청산도 구들장논 시스템이 지정된 이후 2023년까지 10차례에 걸쳐 총 18개소가 지정되었다. 이 중 2014년 4월에 완도의 청산도 구들장논과 제주 밭담이 우리나라에서는 최초로 세계중요농업유산

***

14) 농어업인 삶의 질 향상 및 농어촌지역 개발 촉진에 관한 특별법 시행 규칙 별표1

으로 선정되었고, 이후 지금까지 6개소가 세계중요농업유산으로 지정되었다. 또한 울진 금강소나무 혼농임업 시스템을 세계중요농업유산 후보지로서 FAO 세계중요농업유산 사무국에 신청서를 제출하였고, SAG[15]의 심사가 진행 중이다. 또한, 국가중요농업유산 중 다수가 세계중요농업유산 지정을 위해 준비 중에 있다.

우리나라 중요농업유산 IAHS(Important Agricaharal Heritage Sytems) 지정 현황

	2013	2014	2015	2016	2017	2018	2019	2020	2021	2022	2023
KIAHS	2	4	6	7	9	12	15	15	16	17	18
KIFHS	0	0	3	4	5	7	7	8	11	12	12
Total	2	4	9	11	14	19	22	23	27	29	30
GIAHS	0	2	2	2	3	4	4	5	5	5	6

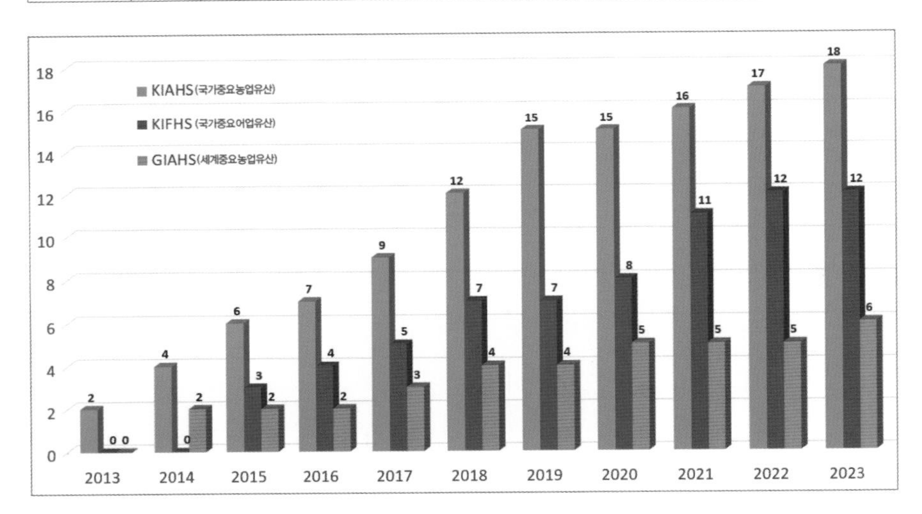

우리나라 중요농업유산 지정 변화

---

15) 과학자문위원회(Scientific Advisory Group). FAO의 세계중요농업유산 지정 여부를 심사하는 위원회로서 2016년부터 운영되고 있다. 현재는 각 대륙별로 1명의 위원을 기본으로 9명의 위원이 구성되어 있으며, 세계중요농업유산의 과학자문위원회 또는 학술위원회 정도로 이해할 수 있다.

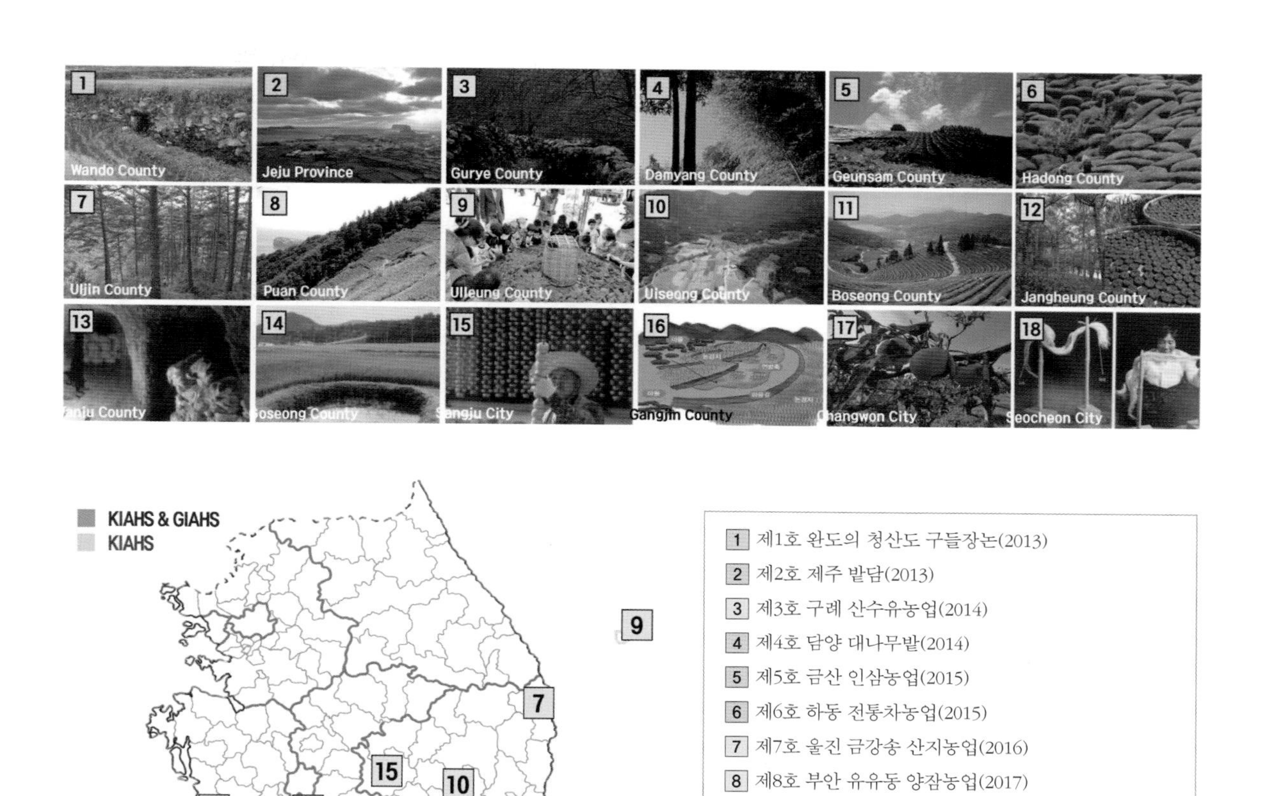

1 제1호 완도의 청산도 구들장논(2013)
2 제2호 제주 밭담(2013)
3 제3호 구례 산수유농업(2014)
4 제4호 담양 대나무밭(2014)
5 제5호 금산 인삼농업(2015)
6 제6호 하동 전통차농업(2015)
7 제7호 울진 금강송 산지농업(2016)
8 제8호 부안 유유동 양잠농업(2017)
9 제9호 울릉 화산섬 밭농업(2017)
10 제10호 의성 전통수리농업 시스템(2018)
11 제11호 보성 전통차농업 시스템(2018)
12 제12호 장흥 발효차 청태전농업 시스템(2018)
13 제13호 완주 생강전통농업 시스템(2019)
14 제14호 고성 해안지역 둠벙관개 시스템(2019)
15 제15호 상주 전통 곶감농업(2019)
16 제16호 강진 연방죽 생태순환 수로농업 시스템(2021)
17 제17호 창원 독뫼 감농업(2022)
18 제18호 서천 한산모시 전통농업(2023)

국가중요농업유산 및 세계중요농업유산 분포

국가중요어업유산은 2015년 제1호로 제주 해녀어업이 선정된 이후 지금까지 총 7차례에 걸쳐 12개소가 지정되었다. 2023년 8월 기준 농업유산과 어업유산을 합하면 총 30개소의 국가중요농어업유산이 지정되었다.

국가중요어업유산은 국가중요농업유산의 제도적 틀을 유사하게 반영하여 운영되고 있으며, 2023년 7월에 국가중요어업유산으로서는 처음으로 섬진강 재첩잡이 손틀어업이 세계중요농업유산으로 지정되었다. 또한, 제주 해녀어업을 세계중요농업유산 후보지로서 FAO 세계중요농업유산 사무국에 신청서를 제출하였고, SAG의 심사가 진행 중이다. 남해 죽방렴 등 다른 국가중요어업유산도 세계중요농업유산 등재를 준비 중이다.

국가중요어업유산 및 세계중요농업유산 분포

세계중요농업유산(GIAHS) 로고 블록

세계중요농업유산의 전반적인 목표는 세계적으로 중요한 농업 시스템과 이와 관련된 경관, 농업 생물다양성, 지식체계와 문화를 식별하고 보호하는 것이다. 세계중요농업유산을 통해서 농민들의 농업 생물다양성에 대한 인식 제고와 이를 통한 농업 생물다양성의 증진 효과를 중요한 목표로 추구하고 있고, 브랜드 개발·라벨링·품질 향상을 통한 틈새(적소)시장의 개발, 파머스마켓 같은 농민들이 참여하는 농업, 농산물의 벨류체인 형성을 통해 농산물 판매를 촉진하여 위기에 처한 중요한 농업 시스템의 지속가능성 확보를 추진하고 있다.

세계중요농업유산의 지정 현황

FAO의 세계중요농업유산은 2002년 GIAHS 이니셔티브(Initiative) 이후 GEF[20]·IFAD[21]·독일·중국·일본 정부 등에서 프로젝트 자금을 지원받아 시범 프로젝트 형태로 발전되었고, 2005년 최초의 시범 사이트(Pilot Sites)가 지정되면서 본격

***

20) 지구환경기금(Global Environment Facility). 1991년 개발도상국들의 환경 분야 투자 및 관련 기술개발을 지원하기 위해 설립되었다. GEF는 생물다양성, 기후 변화, 토지 황폐화, 화학 물질 및 국제 해역(공해(公海))과 관련된 환경문제를 해결하기 위해 노력하고 있다.

21) 국제농업개발기금(International Fund for Agricultural Development). 1977년 설립된 유엔 전문기구로서 개발도상국의 농업개발계획에 대한 재정 지원을 목적으로 설립되었다.

화되었다.

세계중요농업유산은 지난 20년간 3단계의 발전 과정을 거쳐 왔다. 1단계는 2002~2008년까지 준비 단계로, 전반기는 2002~2005년까지 개념 발전, 후반기는 2005~2008년까지 농업유산 프로젝트 준비 과정의 기간이었다. 2단계는 2009~2015년까지 시범사업 단계로, 전반기인 2009~2014년까지는 프로젝트 실행 단계, 후반기인 2014~2015년까지는 세계중요농업유산 프로젝트 수준에서 FAO의 공식 프로그램으로 발전한 단계다. 3단계는 2016년부터 현재까지의 발전 단계로, 세계중요농업유산 프로그램이 지속 가능한 발전 단계에 접어들어 개발도상국 중심에서 서유럽 등 선진국으로까지 그 가치와 개념이 확산되고 있는 단계다.

세계중요농업유산은 2005년 6개 시범지구가 선정된 이후 2023년 8월 현재 24개국의 78개 지역이 선정되어 있다. 대륙별로는 아시아가 8개국에 47개 지역으로 가장 많고, 아프리카가 6개국 11개 지역, 유럽이 3개국 8개 지역, 남아메리카가 4개국 5개 지역, 중동이 2개국 5개 지역이 지정되었다. 국가별로는 중국이 19개로 가장 많고, 다음이 일본으로 15개, 우리나라는 6개로 세계에서 세 번째로 많은 세계중요농업유산을 보유하고 있다. 한·중·일 3국은 총 40개로, 전 세계 50% 이상의 세계중요농업유산을 보유할 정도로 활발하고 적극적으로 운영하고 있다. 동아시아 농업유산학회(ERAHS)를 통한 삼국 간의 협력 체계가 이러한 결과에도 직접적이고 많은 영향을 미친 것으로 볼 수 있다.

유네스코의 세계유산이 유럽 등 서구권을 중심으로 운영되는 제도라면, FAO의 세계중요농업유산은 동아시아 지역이 핵심적인 역할을 하면서 운영하는 제도로 대비될 정도다. 그만큼 세계중요농업유산은 아시아 지역이 주도적으로 추진하고 있는 제도다.

세계중요농업유산은 초기에는 현대화된 농업이 아직 정착되지 않은 개발도상국의 원격 지역 등 개발이 덜 이루어진 지역에서 지정되는 빈도가 높았다. 하지만 세계중요농업유산이 FAO의 정규 프로그램으로 정착된 이후에는 유럽 등 선진국 지역에서도 농업유산제도의 취지와 정책 목표에 동감하고 동참하면서 우리나라와 일본 등 선진국에서도 다양한 지역으로 확산되어 가고 있다.

우리나라의 세계중요농업유산 지정 지역은 6개 사이트로, 다음과 같다.

1. Traditional Gudeuljang Irrigated Rice Terraces in Cheonsando(청산도의 전통적인 구들장 관개논, 2014)
2. Jeju Batdam Agricultural System(제주 밭담농업 시스템, 2014)
3. Traditional Hadong Tea Agrosystem in Hwagae-myeon(화개면 하동 전통차농업, 2017)
4. Geumsan Traditional Ginseng Agricultural System(금산 인삼농업 시스템, 2018)
5. Damyang Bamboo Field Agriculture System(담양 대나무밭농업 시스템, 2020)
6. The Sonteul (hand net) Fishery System for gathering Marsh Clam in Seomjingang River(섬진강 재첩잡이 손틀어업 시스템, 2023)

세계중요농업유산의 지정 기준과 절차

세계중요농업유산 등재 기준은 2010년 기존의 세 가지 기준(시스템의 고유 특성, 정확성, 프로젝트 수행성)에서 변경되어 다섯 가지 기준으로 변경되었다. 이는 세계중요농업유산이 지향하는 가치를 중심으로 이전보다 단순화하고 명확한 기준으로 변경된 것이다.

세계중요농업유산의 등재 기준은 지속적으로 수정·보완되면서 적용되고 있다. SAG의 의견 수렴을 통해 발전되고 보완되면서 기준이 정립되고, 심사과정에서 농업유산의 특성을 반영하면서 다소 융통성 있게 적용하고 있다.

세계중요농업유산으로 지정되기 위해서는 다음의 다섯 가지 기준과 실행 계획서 등에 의해 평가가 이루어진다.

식량 생산과 생계 수단의 확보 (Food and livelihood security)

세계중요농업유산은 지역사회에 있어서 식량 생산 및 생계 안보에 안정적으로 기여해야 한다. 여기에는 식량에 대한 접근, 다양한 식단에 대한 기여, 농업 시스템의 경제적 지속가능성이 포함된다. 농업 시스템의 농업 공동체 생계에 대한 경제적 기여에는 지역 및 외부 공동체 간 공급 및 교환을 촉진하는 모든 관행들이 포함될 수 있다.

농업 생물다양성(Agro-Biodiversity)

농업 시스템이 농업·임업·어업·목축업을 포함하는 포괄적 의미의 농업과 식량생산에 직간접적으로 이용되고 있는 동식물·미생물의 생물다양성과 유전적 다양성의 보존 및 지속가능성에 기여하는 것으로 연결되어야 한다. 즉, 농업유산이 농식품 생산을 위한 토착적이고 희귀하면서 위험에 직면해 있는 세계적으로 중요한 농업 생물다양성과 유전자원의 보존·지속가능성에 기여할 수 있어야 한다.

지역의 전통적인 지식체계
(Local and traditional knowledge systems)

농업유산은 농업·임업·어업 활동을 지원해 온 생물상, 토지, 수자원을 포함한 천연자원에 대한 귀중한 지역 및 전통 지식, 독창적 적응 기술 및 관리 시스템을 가지고 있어야 한다.

문화·가치체계와 사회제도
(Cultures, Value systems and Social organizations)

농업유산 지역에는 문화적 정체성과 장소성이 해당 지역의 농업 시스템에 어떻게 내재되어 있고 포함되어 있는지 설명되어야 한다. 또한 자원 관리 및 식량 생산과 관련된 사회조직, 가치체계 및 문화적 관행이 천연자원의 이용 및 접근에 있어 보존 및 형평성을 보장하는 방법이 있어야 한다. 이와 같은 지역사회 조직이 환경 및 사회·경제적 목적 사이에 균형을 잡아 주는 역할뿐만 아니라 농업 시스템이 운영되는 데 있어 중요한 요소나 과정을 재생산하거나 회복력 강화에 중요한 역할을 수행하고 있어야 한다.

경관 특성(Landscapes and Seascapes features)

인간 활동과 환경 간의 상호 작용을 통하여 시간이 지남에 따라 토지 이용 구조와 경관이 어떻게 발전했으며, 안정화되었거나 매우 느리게 진화했는지가 설명되어야 한다. 농업유산 지역의 형태와 내부 구조는 이를 만들어 낸 오랜 역사적 지속성과 지역의 사회·경제적 시스템과의 강한 연관 관계가 있다. 농업유산 경관의 안정성 또는 느린 진화는 특정 지역에서 식량 생산과 환경 및 문화의 통합을 나타내는 증거다. 이 같은 농업유산 지역은 토지 이용 모습, 수자원 관리 체계와 같은 복잡한 토지 이용 시스템의 경관 특성을 지닌다.

세계중요농업유산의 지정 절차는 신청국의 농업유산을 담당하는 중앙정부 부처에서 신청서 검토 후에 FAO 세계중요농업유산 사무국에 제출, 1차로 사무국에서 신청서를 검토한다. 이후 SAG에서 앞서 살펴본 다섯 가지 선정 기준에 근거해 신청서를 심사하고, SAG 위원들의 현장 조사를 거친 후 최종적으로 세계중요농업유산 지정 여부가 결정된다. 이후 모니터링 및 사후 관리가 이루어진다.

세계중요농업유산의 최근 동향

2002년에 시작된 세계중요농업유산 프로그램은 20년이 경과하면서 FAO의 정식 프로그램으로 정착되고 있다. 유엔의 세계적 가치 공유와 확산을 통해 개발도상국 위주의 세계중요농업유산 지정과 제도 운용도 점차 유럽 등 선진국으로까지 확대되어 농업 분야의 지속 가능한 발전과 미래를 위한 의미 있는 제도로 확산되고 있다.

세계중요농업유산 프로그램은 초기에는 개발도상국을 대상으로 지정되고 운영되었다. 그러나 최근에는 서유럽 지역에서도 이 프로그램의 정책 취지에 공감하고 지속 가능한 농업 시스템으로의 전환과 기후 변화 위기 등에 적응할 수 있도록 전통적인 농업 시스템 보전을 위한 여러 교육 프로그램과 세미나, 워크숍 등이 이어지고 있다.

세계중요농업유산은 FAO의 다른 다양한 활동들(가족농, 생물다양성, 농생태학, 마케팅 등)과의 연계성도 확대되고 있다. 또한 지속 가능한 농업, 기후 변화, 생물다양성 같은 글로벌 이슈에 기여할 수 있는 활동으로도 연계성이 확대되고 있다.

이러한 글로벌 이슈와의 연계 확대를 위해 FAO 세계중요농업유산 사무국에서도 유네스코, 이코모스, ICCROM, 세계관광협회 등과의 교류도 최근에 활발해지고 있는 실정이다. 농업은 기후 변화 민감산업이므로 기후 변화 대응 차원에서 세계중요농업유산은 농업 부문의 기후 위기 대응 필요성을 제시하는 역할도 담당하고 있다.

세계중요농업유산 프로그램의 확산과 이해관계자들의 역량 강화를 위한 다양한 워크숍이 FAO 세계중요농업유산 사무국을 중심으로 실행되고 있으며, 대륙별·광역 지역별 프로그램도 지속적으로 확대되고 있다. 동아시아 지역의 경우 ERAHS(East Asia Research Association for Agricultural Heritage Systems)를 통한 지역 네트워크 구축으로 농업유산의 가치를 공유하고 제도 확산을 추진하고 있다. 한·중·일 3국을 중심으로 농업유산과 관련된 전문가, 실행가 그룹의 동아시아 농업유산학회(ERAHS)가 2014년에 발족되어 매년 농업유산 국제 콘퍼런스를 개최하고 있다. 지난 10년간 동아시아 지역의 농업유산 보전과 확산을 위해 핵심적인 역할을 추진하고 있으며, 그 외의 대륙에서도 지역 단위의 다양한 교육 프로그램과 워크숍 등이 활발히 추진되고 있다.

우리나라도 ERAHS 설립에 동참하면서 우리보다 10년 이상 앞서 축적된 중국과 일본의 경험과 사례를 참고하여 우리나라 중요농업유산의 보전과 활용을 위한 학술적·행정적·실행적 차원 등에 많은 도움을 받았으며, 세계중요농업유산 등재에도 많은 지원과 도움을 받았다. 또한 ERAHS를 통해 국내적으로도 중요농업유산의 가치를 알리고, 관련 이해관계자들 간의 정보 공유와 네트워크 구축 등에 핵심적

제1회 동아시아 농업유산학회(ERAHS) 국제 콘퍼런스(중국 저장성 흥화시, 2014)

제5회 동아시아 농업유산학회(ERAHS) 국제 콘퍼런스(일본 와카야마현 미나베정·다나베시, 2018)

2
의성의 과거, 현재, 미래

의성의 농업 역사는 삼한시대 초기 부족국가로 알려진 조문국에서부터 시작된다. 의성은 농업에 불리한 환경이지만 수리 관개 시스템 발달로 최근까지 식량 생산량의 90%를 수도작으로 재배, 벼농사가 끝난 논에 다시 마늘을 심는 이모작이 가능하다. 또한 의성 농민들은 풍년을 기약하는 '첫물내리기' 제를 올리는 등 벼농사의 시작을 알리는 지역 고유의 농경문화와 수리 시설을 중심으로 한 지역 공동체 문화를 발전시켜 오고 있다.

의성의 지리

의성은 경상북도 중앙에 위치해 있다. 조선시대 교통의 요충지로 북쪽으로는 안동시와 예천군과 접하고, 동쪽으로는 청송군, 남쪽으로는 대구광역시 군위군과 구미시, 서쪽으로는 상주시와 인접해 있다. 지형적으로는 태백산에서 남으로 뻗은 태백산맥과 서남으로 뻗은 소백산맥이 만든 소쿠리 모양 지형의 안쪽에 있다. 또한 동서는 52km로 길고, 남북은 33km로 좁아 동서 중간 지역이 잘록한 고치 모양이다.

지도로 본 의성군의 위치

의성의 미래

의성은 지방 소멸 위험지수 전국 1위, 65세 노인 비중 45%로 전국 226개 기초자치단체 중 고령화율이 가장 높은 불명예를 안고 있다. 태어나는 아기 수보다 사망하는 사람이 많아 나타나는 데드크로스(Dead Cross, 인구 자연 감소) 현상이 가속화되고 있어 5만 명 선을 간신히 유지하는 상태다. 그러나 최근 의성군은 2030년 개항을 목표로 한 '대구 경북 통합 신공항' 유치와 KTX 연결, 청년들의 지방 정착을 돕는 '이웃사촌 시범마을' 등을 통해 새로운 100년의 미래를 준비하고 있다.

특히 2018년에 지정된 국가중요농업유산 제10호 '의성 전통수리농업 시스템'과 2023년에 지정된 '국가지질공원'은 기존의 농업과 산업이 아닌 지역자원을 활용한 지속 가능한 발전을 위한 핵심 자원이 되고 있다. 국가중요농업유산과 국가지질공원은 금성산을 중심으로 서로 연계되어 있으며, 금성산을 둘레로 조문국박물관과 유적지, 제오리 공룡 발자국, 빙계계곡, 산운마을, 산수유마을 등은 의성군이 가진 또 다른 매력을 충분히 보여 준다. 또한 농업유산 지역 주민들은 주민협의체와 해설사 양성을 통해 주민 역량을 강화하고 있으며, 지질공원 지역 주민들은 지오파트너(geo partner)를 통해 지역에 정착하는 청년들과 연계하여 새로운 거버넌스(Governance)를 형성하여 희망찬 미래를 준비하고 있다.

이러한 의성의 대내외적인 상황과 진취적인 활동으로 볼 때, 앞으로 의성은 인구 소멸 도시에서 벗어날 것으로 기대된다. 또한, 최근 선진국에서 접근하고 있는 보전을 통한 지속 가능한 발전으로 환경, 경제, 사회 등 다양한 영역에서 신성장 모델을 창출할 것이다.

의성은 최근 지속 가능한 발전과 환경 문제에 대한 국민들의 관심이 높아짐에 따라 농업유산과 국가지질공원을 연계하여 보전을 통한 지역 활성화를 위해 '금성산 에코뮤지엄' 계획을 추진하고 있다. 이는 금성산을 공유하고 있는 의성의 서부 지역(금성면, 가음면, 춘산면, 사곡면)에 새로운 활력과 보전을 통한 지속 가능한 성장 동력이 될 것이다.

3
의성 수리 시설

의성 전통수리농업 시스템은 우리나라 최소우 지역인 의성에서 영농활동을 지속해 온 삶의 흔적이며, 그 가치를 인정받아 국가중요농업유산 제10호로 지정되었다. 의성 사람들은 농사에 필요한 물을 확보하기 위해 지형과 물의 흐름을 고려하여 다양한 수리 시설을 조성하고, 그들만의 영농 방법을 발전시켜 왔다.

수리 시스템의 특성

의성 전통수리농업 시스템은 우리나라 최소우 지역인 의성에서 영농활동을 지속해 온 삶의 흔적이며, 그 가치를 인정받아 국가중요농업유산 제10호로 지정되었다. 의성 농업유산의 특징은 전통 수리 시스템이라는 명칭에서 알 수 있듯이 물(水)과 관련된다. 크게는 물을 저장하기 위한 저수지와 둠벙이 도처에 조성되었으나 이러한 수리 시설을 만드는 과정, 관리하는 방법, 물을 사용하는 규칙, 도구 등 관련된 모든 것이 체계적으로 연결되어 있다. 못을 만드는 과정과 기술, 물을 관리하는 구조에 대해서는 이 장에서 다루고 수리계, 못도감 등 물을 사용하고 수리 시설을 관리하는 활동 등에 관해서는 4장에서 설명한다.

지형과 물의 흐름을 살펴 수리 시설 축조

의성은 대한민국 최소우지로서 물이 귀한 지역이다. 이에 의성 사람들은 농사에 필요한 물을 확보하기 위해 지형과 물의 흐름을 고려하여 다양한 수리 시설을 조성하고, 그들만의 영농 방법을 발전시켜 왔다.

의성 사람들은 최대한 많은 물을 저장하기 위해 골짜기마다 물이 모이는 곳에 소류지를 만들었다. 그리고 골짜기에서 내려오는 물을 모두 가두어 두는 분산식 못 구조를 만들어 대형 저수지를 축조하지 못하는 지질적 특성을 극복하였다. 또한 상부와 하부의 못(소류지)을 연계하여 부족한 물을 보완하고 단계적으로 활용할 수 있도록 하였다. 할아버지, 아버지, 손자 못으로 연결된 연속적 못은 위에서 남는 물을 아래로 보내어 나누어 쓸 수 있도록 함으로써 환원수(Return Flow)[46] 이용량을 증가시켰다. 그리고 그 사이에 둠벙을 조성하여 물의 활용을 극대화하였다.

이렇듯 의성의 수리 시설은 계층적 구조를 통하여 전통적으로 관리되어 왔다. 이는 전체적인 저수 용량 증가 및 물의 단계적 재활용으로 물이 부족한 의성 지역에 농사를 가능하게 했으며, 물을 통한 벼-마늘의 이모작 농업이 가능하게 하였다.

〈진휼청제언사목(賑恤廳堤堰事目)〉은 1662년 진휼청에 제언사(堤堰司, 조선시대 전기 각 도의 수리 시설과 제방을 맡아보던 관아)를 설치하고 농업용수 확보를 위해 제정한 최초의 못(제언) 규정이다. 이에 따르면 보·제방 축조 시 지형의 적지 및 물의 흐름을 살피는 것을 매우 중시하였으며, 보·제언 축조 시에는 관아의 수령이 직접 조사하여 보고하도록 규정하고 있다. 이렇듯 의성의 못(소류지)도 물의 흐름과 지형을 고려하여 조성되었다.

의성에서 못의 위치 선정은 물의 흐름과 지형에 따라 결정되는데, 두 가지 유형으로 설명할 수 있다. 첫째는 금성산에서 발원한 수원이 지대가 낮은 소(小) 유역권으로 흘러 내려오는 것을 가두는 형태로 못을 축조하는 '산곡형 못'이다. 둘째는 주변 지형보다 상대적으로 높은 구간에 형성하는 방법으로, 소 유역권의 영향과는 상관없이 강우에 의존하거나 높은 지대의 유역에서 인위적인 도랑을 연결하여 용수를 채우는 형태로 논 사이에 설치된 '평지형 못'이다.

산곡형 못의 대표적인 마을은 금성면 운곡리다. 운곡리는 크게 2개의 소 유역권으로 구성된다. 다음 그림은 위성사진을 통해 운곡리 전체 못의 입지 현황을 보여

***

46) 환원수는 부족한 물을 재사용하기 위한 연속적인 물 사용 방법으로, 『농업용어사전』에 따르면 "관개 목적을 위하여 하천이나 다른 수원에서 회수된 후 지하수면을 통하여 아래쪽으로 흘러내려 지표하천 또는 다른 수원에 이르게 되는 물"이다.

주고 있다. 1960년대까지는 금성산에서 발원한 용수를 골지와 후곡지, 신지 등 3개의 저수지에 가두어 아래의 다랑이논에 통수하였다. 그러나 이후 골지의 담수율이 논의 면적 대비 부족하게 되면서 지속적인 보수 끝에 1963년 운곡지를 신규로 축조하여 현재와 같은 구조를 이루게 되었다. 운곡리는 금성산에 가장 가까운 곳에 있는 마을로, 의성 지역 산곡형 못의 발달 과정을 잘 보여 주고 있다.

반면 평지형 못은 규모가 작고 산곡형보다 비교적 낮은 구릉성 평지에 조성되어 있다. 평지형 못은 산곡형 못보다 상대적으로 수심이 얕고, 못의 둘레가 넓은 것이 특징이다. 평지형 못은 수리계원(몽리자(蒙利者))들이 모여 용지를 선정하여 공동 구매하고, 수리(몽리) 면적에 맞게 직접 못을 축조한다. 그러나 못과 못 사이

산곡형 못 사례(금성면 운곡리)[47]

***

47) 의성군(2018), '의성 제언농업 시스템 국가중요농업유산 지정 신청 자료' 내용 중

평지형 못 사례(금성면 탑리리)[48]

48) 의성군(2018), '의성 제언농업 시스템 국가중요농업유산 지정 신청 자료' 내용 중

가 연결되지 않아 수리 면적에 따라 많은 수의 못을 축조해야 마을 전체의 농경지에 농업용수를 공급할 수 있다. 대표적인 마을은 금성면 탑리리다.

앞의 그림은 위성사진을 통해 탑리리 전체 못의 입지 현황을 보여 준다. 이는 전형적인 평지형 못의 형태로, 마을 전역에 다수의 못 축조를 통해 개인별·수리 그룹별 못이 분포해 있다. 탑리리의 대표적인 못은 고현지에서 용수를 받아쓰는 고현 뒷지·고현 앞지·헌탕 웃지와 헌탕지·오새미지와 노루지·새 못 등 총 44개소의 못이 축조되어 현재까지도 농업용수를 활발히 공급하고 있다.

저수지 축조 기술

조성할 못의 위치 선정과 더불어 중요한 것은 튼튼한 못을 만드는 것이다. 의성의 저수지는 독특한 축조 기술을 가지고 있다. 다음 그림은 못의 구조를 나타낸다. 못을 만들기 위해서는 가장 먼저 못의 둑이 될 기지(基地)를 2m 정도의 넓이로 바닥에 암반이 보일 때까지 파고, 바닥에 고운 찰흙을 망깨(땅을 다지는 도구)로 수도 없이 다져서 누수를 예방한다. 다음으로 물이 흘러 내려가는 역할을 하는 아래 수통(누불통)을 가로로 깔고, 그 사이는 다시 찰흙으로 메운다. 어느 정도 찰흙을 메웠으면 윗수통(설통)을 비스듬히 세워 제언(못) 안의 용수가 위에서부터 아래수통(누불통)을 타고 흘러내려 갈 수 있도록 세워 준다. 이후 지속적인 찰흙 메우기 작업을 통해 심통을 완성하고, 주변에 비스듬히 흙을 쌓아 무너짐을 예방했다.

의성 전통 수리 시설 구조도[49]

수리 시설 구조

구 분	정 의	재 료	기 능
심통	못둑	찰흙 , 솔잎 , 기왓장	물이 새지 않도록 지지
맬개 (물넘이)	심통(못둑)의 낮은 부분	흙	못에 차고 남은 물이 흘러 넘어가게 함. 저수량을 늘리기 위해 높이 쌓을 경우 안정성에 문제가 발생함.
윗수통 (설통)	못의 상하단부에 위치한 못종이 박힌 통로	전통식 : 생나무 (현대식 : 콘크리트)	못에서 아래 수통으로 물이 이동하는 통로
아래 수통 (누불통)	못과 경작지를 잇는 통로	전통식 : 옹기, 생나무 (현대식 : 콘크리트)	윗수통에서 경작지로 물이 이동하는 통로
못종	못 물을 막은 구멍의 마개	소나무(생나무) 수통과 못종 사이 틈은 찰흙으로 메움. (현대식 : 비닐)	못에서 배수되는 양 조절 (못의 규모에 따라 못종의 개수, 굵기 조절) 물 절약, 따뜻한 용수 공급을 위해 상단부 못종 순으로 제거
땅종	맨 아래쪽 못종	소나무(생나무)	물을 빠르게 공급해야 할 때 제거하는 용도
파도석	심통 안쪽에 쌓는 돌	돌	심통 안쪽의 흙이 파도에 의해서 깎여 나가는 것을 방지

***

49) 의성군,『의성 전통수리농업 시스템 보전·활용 종합계획』, 2021

전통 수리 시설 축조 방법[47]

구 분	방 법	사 진[48]
심통 파기	바닥에 암반이 나올 때까지 2m 넓이로 판다.	
심통 다지기	찰흙(고운 흙)을 망깨(절구같이 생긴 도구)로 다져서 바닥에 누수가 되는 것을 예방한다.	
물매래 작업	용수가 수통을 통해 다락논으로 잘 빠질 수 있도록 물매래 작업을 한다.	
수통 설치	아래 수통(누워 있는수통, 누불통)과 윗수통(세로로 비스듬히 서 있는 수통, 설통)의 위치를 잡아 준다. 수통 설치 완료 후 윗수통에 구멍에 맞게 못종(소나무)을 다듬어 넣어 준다.	
심통 쌓기	수통 위로 찰흙을 한층 더 깐 뒤 솔잎과 찰흙을 다져 한 번 더 깔고 기왓장으로 수통을 감싸 준다. 그 위에 찰흙을 계속 쌓는 방식으로 누수를 예방한다. 심통 안과 밖에 그냥 흙을 비스듬히 쌓아 무너짐을 예방한다.	
파도석 쌓기	심통 안쪽에 파도에 의해 흙이 깎여 나가는 것을 방지하고자 파도석을 쌓아 준다.(일제시대 이후)	

***

47) 의성군,『의성 전통수리농업 시스템 보전·활용 종합계획』, 2021
48) 의성군,『사진으로보는 의성 50년』, 2011

전통 수리 시설의 지혜로운 물 관리

의성 농업유산 지역 수리 시설의 내부 구조물은 볼 수는 없으나 수통과 못종이라는 선조들의 지혜가 담긴 전통 배수 시설 구조는 쉽게 찾을 수 있다.

못종은 지금의 밸브와 같은 개념으로 못종을 뽑으면 수통을 통해 물이 흘러 내려가는 구조다. 흥미로운 점은 윗수통을 비스듬하게 설치하여 보다 정교하게 수량을 조절했다는 사실이다.[49] 앞서 살펴본 수리 시설의 구조도에서는 못종이 수직으로 서 있는 것처럼 보이나 사실은 비스듬하게 기울어져 있는 것도 다수가 존재하고 있다. 입지 환경과 상황에 따라 수통을 수직 또는 사선형으로 배치하여 융통성 있게 사용했을 것으로 추측되는데, 수직보다 사선으로 기울어져 있는 것이 보다 촘촘하게 수위를 조절할 수 있다는 점을 생각하면 의성에서 물을 아껴 쓰기 위해 얼마나 노력했는지를 짐작할 수 있다.

한편 여름철 날씨가 더워져 물이 데워지면 저수지의 상층부와 하층부는 수온차가 발생한다. 요즘 만들어지는 저수지의 배수 시설은 맨 아래 물부터 배수되는 구조로 되어 있어 하층의 차가운 물이 배수되어 농작물에 냉해를 유발할 수 있지만, 의성의 전통 수리 시설은 아래 그림처럼 수면에서부터 못종을 뽑아 상층에서부터 물을 흘려보내는 구조로 되어 있다. 그리하여 논과 저수지의 표면이 거의 동일한 수온을 유지하고 있어 농작물 냉해 피해를 막을 수 있는 지혜로움이 담겨 있다.

***

49) 의성군, 『의성 전통수리농업 시스템 보전·활용 종합계획』, 2021

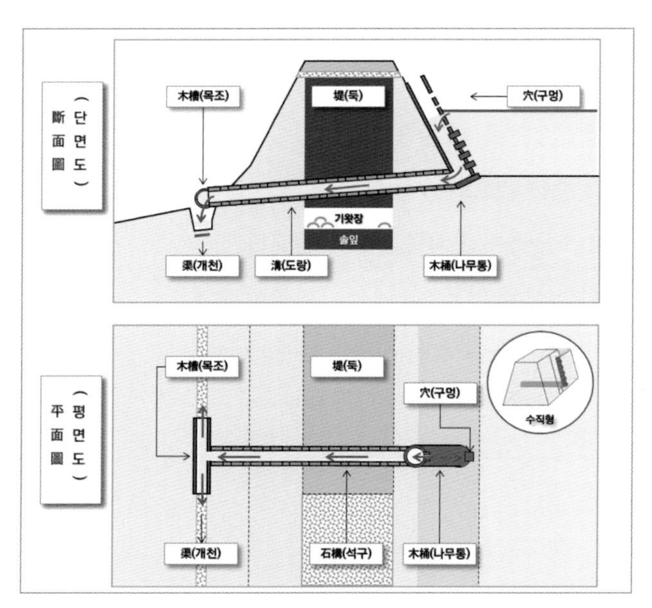

수직형 배수 시설

사선형 배수 시설

의성군 금성면 운곡리 안지

의성군 금성면 운곡리 운곡지

일반적으로 물은 온도가 낮을수록 무거운데, 저수지의 경우 수심이 깊어질수록 차갑고 지표수는 태양열로 데워져 온도가 높아짐. 관개용수의 수온이 높은 쪽이 벼의 생육에 유리하므로 구멍이 뚫린 수통을 이용하며, 수량 조절뿐 아니라 수온이 높은 표면수부터 제방 아래에 공급할 수 있음.

출처 : 한국고고환경연구소, '한국고대의 수전농업과 수리 시설', 2010

실제 실험 결과에 의하면 낮 기온 38℃의 상황에서 '위마지'와 '운곡지'의 표층부 수온은 33℃, 최하층부의 수온은 23℃를 기록하여 최대 10℃의 차이를 나타냈음.

출처 : 의성군청, '국가중요농업유산 지정 신청서', 2018

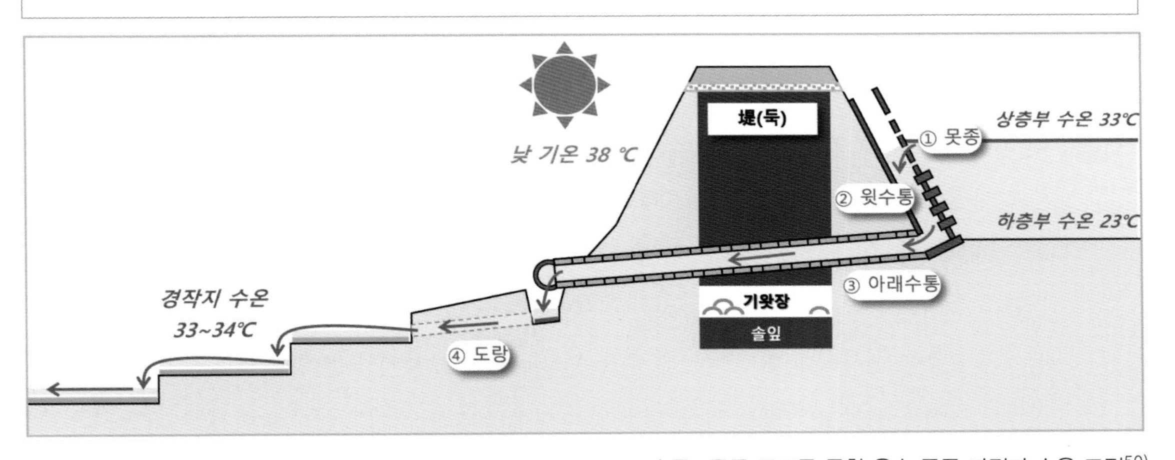

수통, 못종 구조를 통한 용수 공급 과정과 수온 조절[50)]

***

50) 의성군,『의성 전통수리농업 시스템 보전·활용 종합계획』, 2021

의성 저수지의 분포 현황과 특성

의성의 저수지와 둠벙

2020년 조사에 의하면 의성 전체에 약 6,277개의 저수지와 둠벙이 있는데, 대규모 농업용 저수지에서부터 작은 둠벙까지 그 규모도 다양하다. 그 분포를 살펴보면 비안면에 전체 저수지의 10.0%에 해당하는 628개의 저수지가 있고, 안계면에는 9.6%인 619개소, 그리고 금성산을 둘러싸고 있는 금성면에는 전체 저수지의 9.4%인 588개소가 있다.[51)]

안계면과 비안면은 의성군을 대표하는 벼농사 지역으로, 유명한 안계쌀이 생산되는 지역이다. 이들 지역은 산지와 평탄지가 급경사로 만나는 계곡부로, 비교적 적은 노동력으로 제방을 쌓기에 유리한 지형이다. 이러한 지형 조건에 따른 수리시설의 분포는 선사시대 및 삼국시대 주요 수리 시설과 18세기 제언이 밀집된 충청남도 논산과 부여, 전라북도 익산, 대구 및 경상북도 영천, 경기도 안성과 이천의 경우에서도 찾아볼 수 있다.[52)]

***

51) 의성 전통수리농업 자원 조사 및 다원적 활용사업 기본계획, 2020
52) 한국고고학환경연구소, 『한국 고대의 수전농업과 수리 시설』, 서경문화사, 2010

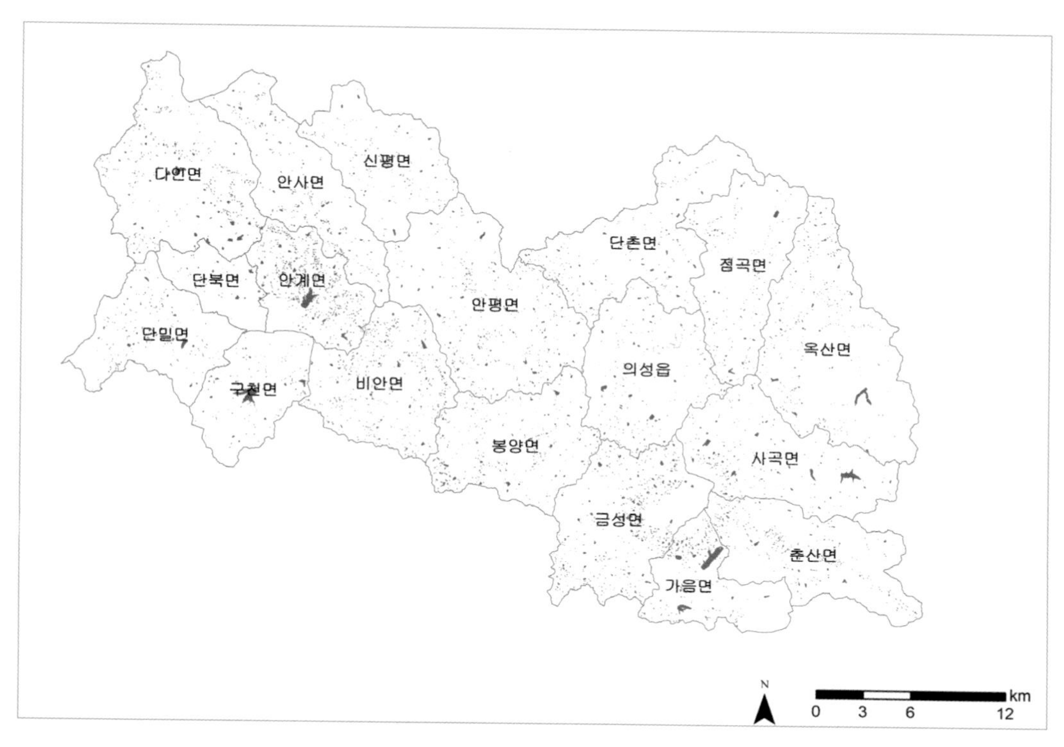

의성의 저수지 분포 현황도

주민들이 관리하는 저수지

저수지는 규모, 용도 등에 따라서 국가, 지자체, 주민공동체 또는 개인 등 그 관리 주체가 다르다. 의성에 분포하고 있는 저수지는 한국농어촌공사에서 관리하는 저수지가 52개소, 의성군에서 관리하는 저수지가 641개소이며, 나머지 약 5,500여 개는 개인 또는 주민공동체가 관리하고 있다. 여기서 우리는 의성 주민들이 영농생활 속에서 얼마나 물을 소중히 여기고 농업에 활용하기 위해 많은 노력을 하는가를 짐작할 수 있다.

의성의 저수지 현황 및 관리 주체

읍/면	저수지	한국농어촌공사 관리	의성군 관리	주민 또는 공동체 등
가음면	265(4.1%)	1	27	237
구천면	167(2.6%)	2	18	147
금성면	588(9.4%)	0	77	511
다인면	415(6.6%)	19	19	377
단밀면	239(3.8%)	1	25	213
단북면	51(0.8%)	8	1	42
단촌면	285(4.5%)	1	37	247
봉양면	441(7.0%)	0	50	391
비안면	628(10.0%)	0	51	577
사곡면	257(4.1%)	2	53	202
신평면	191(3.0%)	0	23	168
안계면	619(9.6%)	6	26	587
안사면	286(4.6%)	0	27	259
안평면	514(8.2%)	1	73	440
옥산면	427(6.8%)	7	31	389
의성읍	258(4.1%)	0	41	217
점곡면	265(4.2%)	4	25	236
춘산면	381(6.1%)	0	37	344
계	6,277(100%)	52	641	5,584

의성군이 관리하고 있는 저수지 중에서 준공 연도가 1945년 1월 1일로 기록되어 있는 것이 무려 362개소가 있다. 아마 362개소의 저주지를 동시에 조성하지는 않았을 것이다. 일제강점기에서 독립 후 행정 체계를 갖추면서 저수지에 관한 기록을 했던 것으로 보인다.

의성군이 관리하는 저수지가 가장 많이 분포하는 곳은 금성면이다. 641개소 중 77개소가 의성군에서 관리한다. 저수지가 많이 분포해 있는 비안면이나 안계면과 비교해도 상당히 많은 차이가 난다. 이 부분은 의성의 지형과도 관련이 깊다. 의성은 동쪽에서 서쪽으로 흐르는 위천을 따라 안계면·단북면·단밀면·다인면에 걸쳐 장방형 침식분지가 형성되어 있으며, 분지의 중앙 부분은 충적평야인 안계평야가 발달되어 있다. 동쪽은 금성산을 중심으로 구릉지와 곡간지가 반복되는 구릉성 산지가 형성되어 있어 안계평야 일대와 달리 토심이 얕고 물 빠짐이 심하기 때문에 보다 많은 저수지를 조성했을 것으로 추측했다.[53)]

***

53) 의성군,『의성 전통수리농업 시스템 보전·활용 종합계획』, 2021

금성산 일대
수리 시설 분포 현황과 특성

금성산은 행정적으로 금성면, 가음면, 사곡면, 춘산면에 둘러싸여 있다. 2021년 현장 조사를 통해 금성산 일대 농업용 저수지는 총 594개소로 확인되었다. 지도상으로 확인된 저수지는 645개소였으나 그중에서 90개소는 메워졌고, 7개소는 비농업용으로 확인되었다. 또한 지도상에는 없으나 현장 조사에서 신규로 조성된 농업용 저수지 46개소도 확인되었다.

저수지와 둠벙이 메워진 곳은 고령화와 후계농 부족으로 인해 농업을 포기한 지역이거나 소득 향상을 위해 벼농사에서 과수원 등으로 바뀐 곳이 많다. 하지만 새로이 조성되는 것도 많이 있는 것으로 보아, 의성군 주민들은 필요에 따라 저수지를 조성하고 메우고를 반복하면서 농업을 계속 이어 가고 있는 것으로 해석된다.

저수지 분포 특성과 관리 주체

금성산 일대에 분포하는 저수지와 둠벙은 다음 그림에서 보는 것과 같이 금성산을 중심으로 띠를 두르듯 고르게 분포해 있다. 그중에서도 남쪽과 서쪽에 많이 분

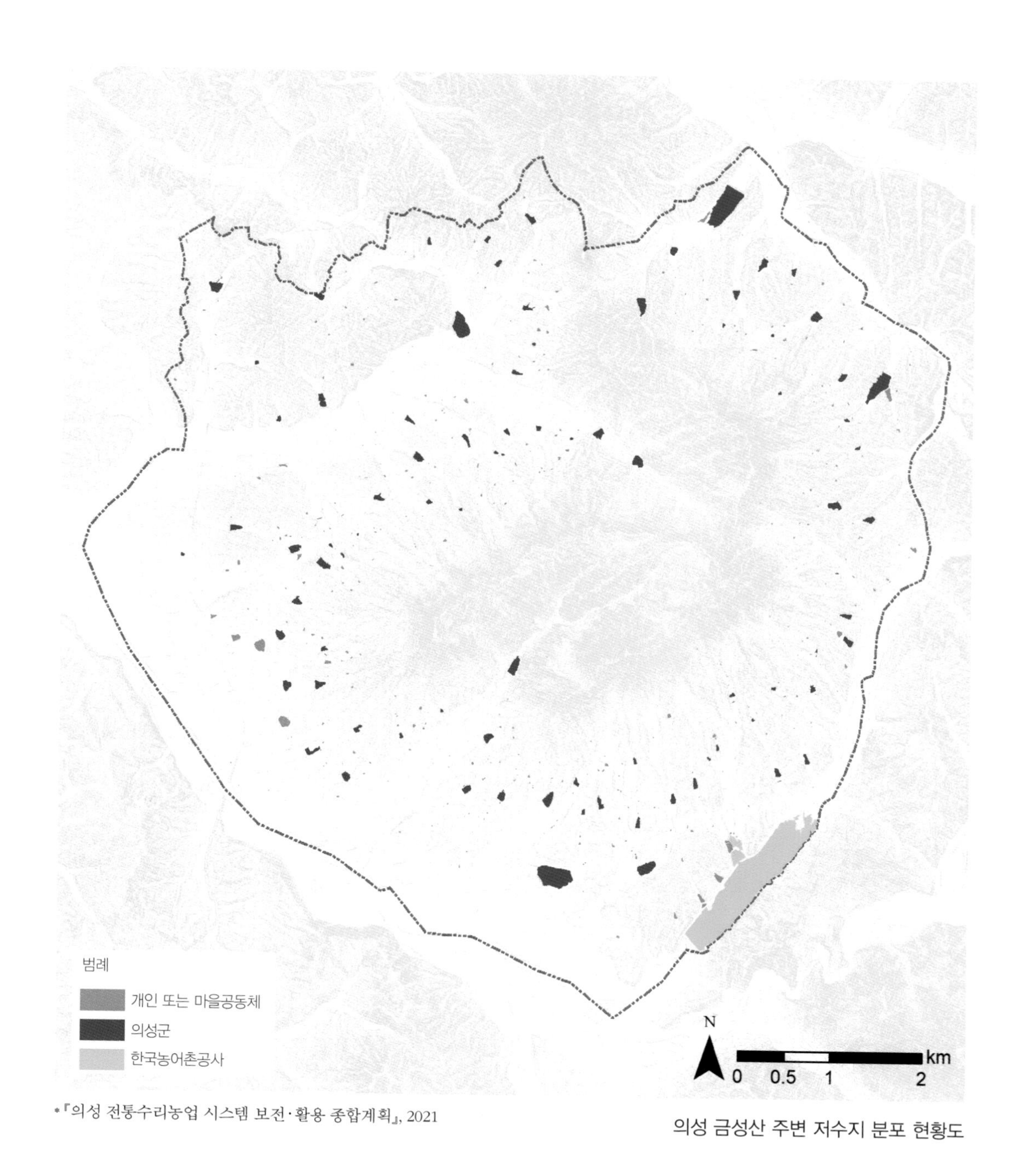

*『의성 전통수리농업 시스템 보전·활용 종합계획』, 2021

의성 금성산 주변 저수지 분포 현황도

포해 있으며, 행정구역으로는 금성면에 가장 많이 분포해 있다. 지도에서 아주 작은 것들은 확인하기 어려워 언뜻 보기에는 의성군에서 관리하는 저수지가 많은 것처럼 보인다. 그러나 의성군이 직접 관리하는 저수지는 87개소이며, 한국농어촌공사에서 관리하는 저수지는 가음저수지 1개소 그리고 나머지 506개소는 개인 또는 마을공동체가 관리하고 있다.

수리 시설의 분포는 주로 마을과 동일하거나 약간 높은 곳에 있다. 특히 고도 100~170m 사이에 전체 시설의 약 77%가 있다. 가장 낮은 곳은 고도 80~90m 사이에 있고, 가장 높은 곳은 고도 320~330m 사이에 있는데, 대부분 마을에서 가까운 곳에 있다.

못종과 저수지 역사

의성 전통수리농업 시스템의 특성 중 하나는 '못종'이다. 필요한 물을 농지로 흘려보내는 아주 중요한 역할을 담당하는 못종은 지금의 일상생활과 관련지어 말한다면 수도꼭지와 같은 역할을 한다. 최근에는 기계식으로 저수지 물을 관리하지만, 예전에는 못도감이 직접 못종을 하나하나 뽑으면서 물을 관리하였다. 아직도 금성산 일대에는 이 못종이 많이 남아 있는데, 못종이 현존하는 저수지는 그만큼 오랜 역사를 자랑한다.

금성산 일대 저수지 전수 조사를 통해 확인한 못종이 있는 저수지는 83개소인데, 이 중에서 의성군이 관리하는 저수지가 51개소, 개인 또는 마을공동체가 관리하는 저수지가 32개소이다.

1945년 이전에 조성된 것으로 추정되는 저수지는 55개소 중에서 32개소는 전통

방식의 못종이 있다. 대부분 못종은 저수지 한 곳당 한 개가 설치되어 있으나, 덕천못에는 2개소에 설치되어 있고, 사용상 편의를 위해 핸드레일이 추가로 설치된 곳도 있었다.

일제강점기인 1918년에 제작된 지형도에는 오새미지, 노루지 등 19개소의 저수지가 표시되어 있다.

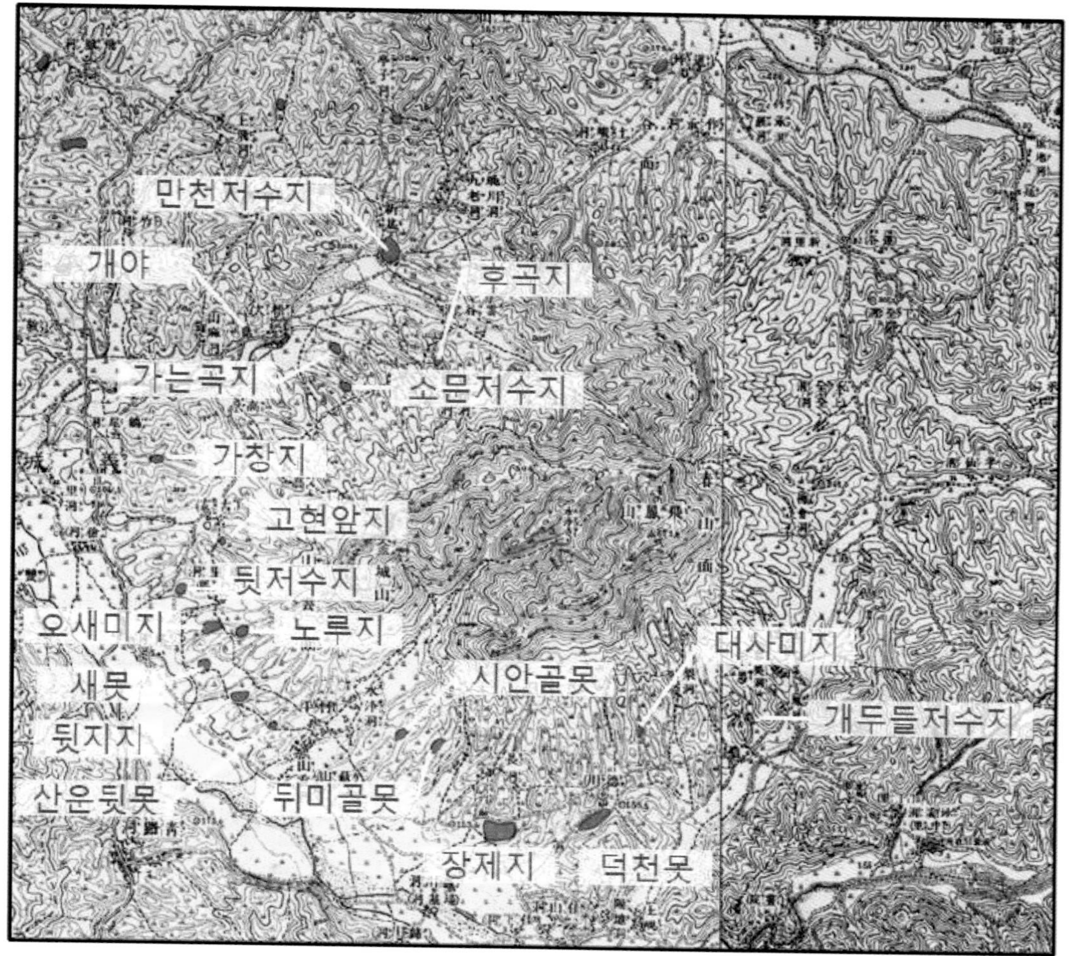

*『의성 전통수리농업 시스템 보전·활용 종합계획』, 2021

1918년 지도에서 발견된 저수지

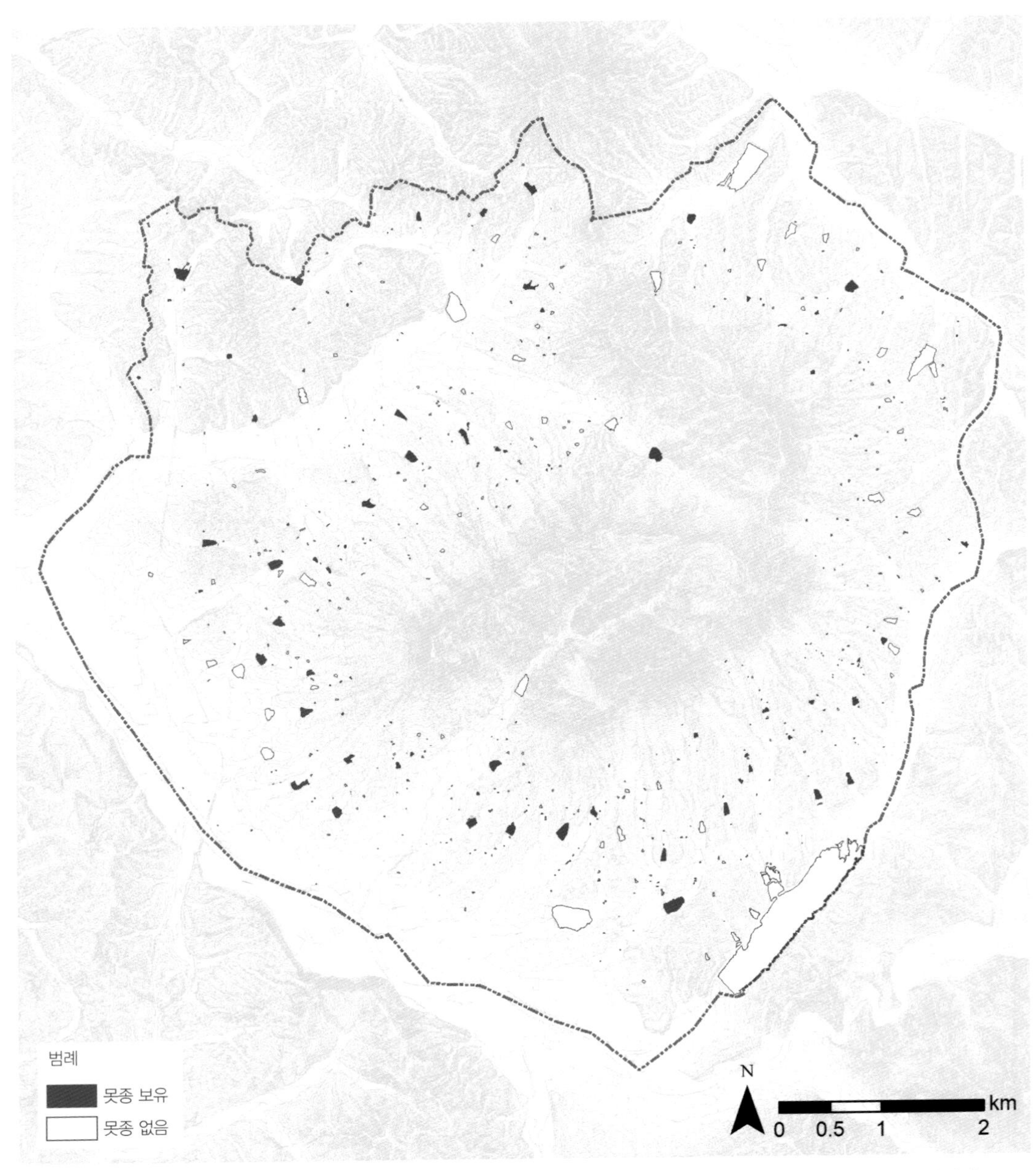

의성 금성산 주변 못종을 보유한 저수지 분포 현황도

*『의성 전통수리농업 시스템 보전·활용 종합계획』, 2021

1945년 이전 조성으로 추정되는 저수지

	저수지명	의성군 관리대장	1918년 지형도	못종		저수지명	의성군 관리대장	1918년 지형도	못종
1	경애지	○			29	나방지	○		
2	가창지	○	○	○	30	갑골(골못)	○		○
3	대야지	○		○	31	신지	○		
4	뒷지지	○	○	○	32	장제지	○	○	
5	오새미지	○	○		33	덕곡지	○		○
6	노루지	○	○	○	34	반도곡지(방곡지)	○		
7	위마(윗골지)	○		○	35	덕천못	○	○	○
8	고현앞지	○	○	○	36	대덕곡지(작은대덕곡지)	○		○
9	고현뒷지	○		○	37	대사미지	○	○	○
10	덕곡지	○		○	38	짓골지	○		
11	헌자곡(큰흔작지)	○		○	39	우곡지	○		○
12	승방지	○		○	40	덕곡(큰대덕곡지)	○		○
13	뒷(산운뒷못)	○	○	○	41	석실지	○		○
14	고산지	○			42	금성지	○		○
15	금강지	○		○	43	불모저수지	○		
16	둔대지	○			44	하곡저수지(아리지)	○		
17	이동지	○		○	45	토현지	○		
18	가는곡지	○	○	○	46	개두들저수지(개두들못)	○	○	○
19	외곡(의곡지)	○		○	47	정구미지상전지)	○		
20	뒤미골(뒷미골못)	○	○	○	48	옥박곡저수지	○		
21	쇠랑(시안골못)	○	○	○	49	구못(하곡지)	○		
22	용문지	○			50	설물저수지	○		○
23	후곡지	○	○		51	연골저수지	○		
24	한자곡저수지	○		○	52	뒷저수지		○	
25	집앞하지	○		○	53	새못		○	
26	집앞상지	○		○	54	개야(개골지)		○	
27	소지	○			55	소문저수지		○	○
28	성남(만천저수지)	○	○		계	55	51	19	32

다양한 크기의 저수지

금성산 일대에 분포하는 저수지는 크기도 다양하다. 가장 큰 저수지는 한국농어촌공사에서 관리하는 가음저수지로, 그 규모는 62만 1173.7m^2이다.

가음저수지를 제외한 저수지의 평균 규모는 1,344.2m^2의 면적과 둘레 길이 95.6m이다.

의성 전통수리농업유산의 대표적인 경관을 보여 주는 소금못 전경(금성면 운곡리)

물 분배

못의 수문을 여는 시기와 분수 방법 등은 못 총회에서 논의하며, 수량 및 수혜 면적 확인 후 분배를 결정한다. 분수강구는 모내기 전에 위에서 아래 순으로 수혜 지역을 정해 물의 분배, 공급을 주도해 진행한다.

의성군 금성면 운곡리 못 총회(2020년 4월 20일)

못 관리

못의 관리는 못 총회에서 논의된 관리 구역 위주로 모내기 전후에 필요시 못 도감 주도하에 계원들의 참여로 진행된다. 수로나 물통을 비롯한 못의 축조·수리·교체·청소 작업 등의 관리 활동이 진행되는데, 작업에 참여하는 경우 소액의 인건비가 지급된다. 아울러 관리 작업 시 피해를 입은 농가에 대한 배상도 이루어진다.

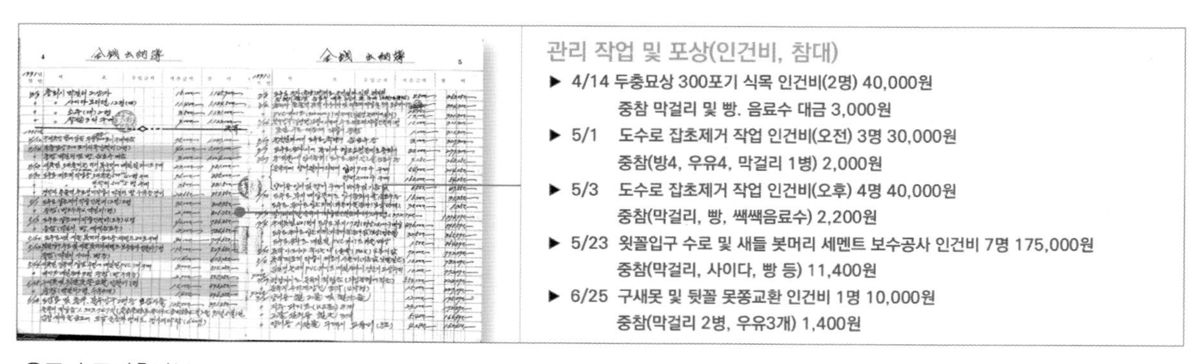

운곡리 금전출납부(1991년)

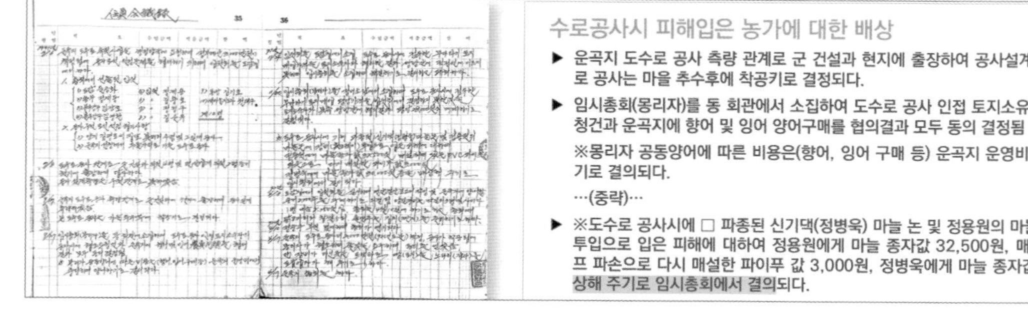

운곡리 임시 총회 회의 기록(1991년 7월 6일~11월 30일)

논을 매면서 부르던 노동요 〈논맴소리〉

〈논맴소리〉는 논을 매면서 부르던 노래로 〈긴 논맴소리〉, 〈잦은 논맴소리〉 등 다양한 종류가 있다. 한 명이 메김노래를 부르면 다수인들이 노래를 받는 형식으로 구성된다. 의성에 전해 내려오는 〈논맴소리〉는 긴 방아와 연관되는 아오우류와 긴가래류, 잦은 가래류, 잘한다 계통곡, 행상류 논맴소리, 노호세류, 방하류, 상사류, 위소호, 거이호호, 윙해야류, 봉헤야, 오햐, 복수 받음구형[54] 등 다양하다.

〈긴 논맴소리〉 가사(의성군 의성읍 도동 3리)

긴 논맴소리	
서두	에헤에/ 헤헤헤/ 가하래헤
메는 소리	헤에 이이이잇/ 옛날옛적 갓날갓적 툭수바래 소연적에/ 까막까치 말할적에 홍두깨 밀양가고/ 방마[망]이 또랑갈 때 에에엣//소의 뭉티이 대가리깨고 아다마[머리]가 아프며는/ 뒷소로 아프제 노[논]이나 매자/ 에에에 헤헤헤
받는 소리	가래헤/ 이히히이요 호호호옷/ 떵기떵기 떵다꿍 품품품/ 이히요 호호호/ 가하래 / 이이에에헤
메는 소리	춘하추동 사시절에 주야평상 오유월 삼복덥에/ 춥어 덥을 모리고 우리농부는/ 각꾸루 엎드려서 피땀[을]흘[리며]/ 논을맨다 왠말이고 –에엣아하레
받는 소리	가래/ 에헤요 호호옷/ 떵기떵기 떵다꿍 품품
메는 소리	오는사람 가는사람 보기좋고 정자에 가며는/ 오뉴월정자야 능수버드나무는 흔들흔들// 춤을 잘추는데 마는 우리농부는/ 일을해야 먹고 산데이 에에이에에/ 가래
받는 소리	가래/ 에히요 호호홋/ 떵기떵기 떵다꿍 품품품
메는 소리	에에헤에/ 이목저목 화목 원장으른 볼라이/ 목이절러 못보고/ 이다리 저다리 상다리 장을 볼라니/ 다리절러 못보고// 코풀어 홍해장 홍해장 볼라이/ 더럽어서 못보고/ 빵빵 돌았다 돌은장/ 어지러워 내못볼데 에헤이헤이/ 가래
받는 소리	가래/ 위히이요 호호호호호홋/ 떵기떵기 떵다꿍 품품품품

***

54) 권현주, 「논맴소리–의의와 평가」, 『디지털의성문화대전』

긴 논맴소리	
메는 소리	헤헤헤 헤헤에/ 이레 장으는 어느장이고, 칠곡장/ 칠칠이 사십구 마흔아홉, 회계되지 못하고/ 저리 저리 끼리 저리 이히 살펴보니//친구야 많다마는 친구는 벗이가 어데서/ 내 홀로 죽[겠고나] 어허 어허 / 가래
메는 소리	에–/ 이장 저장 볼라니, 신두 신다리 확 바꿔/ 신도 몰고 다리도 저린데다가/ 이다리 저다리 상다리장 볼라니, 다리 절러 못보고//이목 저목 화목장[볼라니] 목이 절러 못보고/ 간데 쪽쪽 정들여 놓고 이별이 잦어 내 못가더냐 어이/ 가래–
메는 소리	에–/ 놀기 좋기는 정자 밑에가, 어는 수양능수버들나무 밑에/ 우줄 우줄 춤추는[게] 오뉴월 정자 중에 최고로다 에에에에헤이 / [가래–]//에–이군아 군아 놓앗아, 일꾼아 장군아/ 기운이 시 장군이가 일 잘해서 장군이제/ 품팔이도 원수다 어데 할데도 없어서 농[사] 종사하는 것/ 피땀을 흘려서 할 일이 전혀이 없구나 에이/ 가래–//이리 저리 살펴보니야/ 온갖 짐승도 다 나려 가고/ 오는 사람 가는 사람은, 친구 벗이 많아서 흔들 흔들/ 잘도 놀건마는 우리 농군은 항상 오뉴월 삼복덥에서/ 추우 더운걸 모리고 땅만 뒤빈다 에헤/ 가래–

*『디지털의성문화대전』,「논맴소리」

〈잦은 논맴소리〉 가사(의성군 의성읍 도동 3리)

잦은 논맴소리	
메는 소리	다매간다
받는 소리	오하–
메는 소리	지석지석
받는 소리	오하–
메는 소리	우리군장 잘도 하시네 / 다매간다 다맸다

*『디지털의성문화대전』,「논맴소리」

논을 매고 돌아오던 길에 부르던 노동요 〈치야 칭칭(걸채)〉

〈치야 칭칭〉은 논을 매고 돌아오던 길에 여럿이 함께 부르던 2음보 형식의 노동요이다. 여럿이 놀 때 파연곡으로 부르거나 논을 다 매고 마을로 돌아오면서 상일

금성산에서의 기우제(《경향신문》, 2014-7-30)

금성산에서 기우제를 지내는 의성 주민들
(《브레이크 뉴스 대구 경북》, 2016-8-25)

자 그렇게도 애타게 기다리던 단비가 함빡 내렸으며, 무덤을 쓴 사람은 그 뒤 다른 지역에 가서 큰 부자가 되었다고 한다.[57)]

이러한 기우제는 언론 보도에서도 확인된다. 일제강점기 때, 의성군 일대에 오랫동안 계속되는 심한 가뭄으로 작물이 고사 상태에 빠져 일제히 기우제를 지냈다는 기사가 남아 있다. 근대에 와서도 가뭄으로 지역 농민이 시름에 빠져 있어 이를 해결하고자 금성산 정상에서 기우제를 지냈다는 기록이 있다.[58)]

마을 사람들의 건강과 풍년을 기원하는 동제(洞祭)

농촌마을에는 마을의 수호신을 숭상하고 마을 사람들의 건강과 풍년을 기원하

***

57) 「제11편 전설·민요·민속·옛생활과 풍습」, 『의성군지』, 1998, pp. 1341~1342
58) 의성군, 『의성 전통수리농업 시스템 보전·활용 종합계획』, 2021, p.159

의성군 구천면 유산 1리 동제 중 축문을 읽는 장면
(2012년 2월 5일, 『디지털의성문화대전』)

의성군 단밀면 서제리 동제 중 축문을 읽는 장면
(2012년 2월 6일, 『디지털의성문화대전』)

기 위해 마을신에게 제사를 지내는 공동체 의식으로서 동제를 지낸다. 동제는 마을의 역사와 마을 사람들의 생활상을 잘 반영하고 있으며, 마을 사람들을 하나로 묶어주는 대표적인 민간신앙이다. 제당 형태는 나무·바위·당집이 주류를 이루고 있으며, 과거에는 상당과 중당·하당에 제사를 지냈으나 현재는 대부분 하당에만 지낸다. 의성 지역에서는 장리, 대사리, 금오리, 옥정리 등에서 정월대보름에 매년 또는 10년마다 제사를 지낸다(『디지털의성문화대전』, 「동제」).

가을 수확 이후 마을 주민이 함께하는 전통 어법 '가래치기'

전통 어법 '가래치기'는 벼 수확을 끝내고 저수지 보수를 위해 물을 뺀 후 가래[59]를 이용해 물고기를 잡는 데서 유래되었다. 가래치기는 가래 안에 가물치나 붕어

***

59) 대나무나 갈대를 엮어 만든 밑이 트인 원뿔형의 바구니로, 크기는 대략 50cm다.

등 민물고기를 가두고 안으로 손을 넣어 물고기의 움직임을 파악하면서 잡는 전통 어법이다. 가래치기 풍습으로 넓은 저수지에 한데 모여 물고기를 같이 잡고 나누어 먹으면서 마을 주민들이 화합과 친목을 다졌는데, 현재는 대부분 사라졌다.

한 해의 풍년과 마을의 안녕을 기원하는 첫물내리기

'첫물내리기'는 마늘 수확 후 벼농사를 위해 못에서 논으로 물을 처음 내려보낼

운곡리 첫물내리기 행사

못도감 못종 뽑기

풍년 기원 제사상

풍년 기원 의례

때 하는 행사다. 못도감, 분수강구, 이장, 마을 주민, 수리계 회원들이 모여 풍년과 마을의 안녕을 기원하는 축문을 읽고 제를 지낸 후, 못종을 뽑아 물을 수리 구역으로 흘려보낸다. 이 행사는 물을 논으로 흐르게 하는 의미 외에도 지역의 풍년과 마을 주민의 안녕을 기원하는 염원을 담는 매우 성스러운 의식으로 지역 주민들은 인식하고 있다.

5
의성 전통수리농업 시스템의 생물다양성과 생태계 서비스

의성은 소류지와 연계한 다양한 수리 시설과 제도가 함께 발달하였다. 의성의 많은 소류지는 수생식물과 습지식물, 민물 어류와 수서 무척추동물, 이곳을 터전으로 살아가는 많은 양서류와 물새, 포유동물 등의 서식지가 되었다. 물 부족 지역인 의성에서 농업 활동을 위해 쓰인 소류지가 이제는 습지와 관련된 서식지 다양성을 보완하고, 소류지 주변을 중심으로 생물종 다양성을 증진시키는 큰 역할을 하고 있다.

의성 전통수리농업 시스템의 생물다양성

생물다양성과 농업유산

생물다양성(Biodiversity)은 1988년 미국의 생태학자 윌슨(E. Wilson)이 『생물학적 다양성』 책을 발간하면서 정립된 개념이다. 생물다양성은 생물체의 유전자 다양성, 생물종 다양성, 서식처 다양성, 서식처들이 구성하는 경관 다양성을 포괄하는 개념이다.

생물다양성은 생태적인 구조와 기능의 다양함을 포함하면서 각각 그 구성 요소들이 밀접하게 상호 연관되어 있다. 즉, 생태계 또는 서식처가 유지되기 위해서는 생물종의 보존이 필수적이며, 생물종의 보전은 가능한 많은 유전적인 다양성이 유지되어야 한다는 의미다. 이처럼 서식처, 종, 유전자가 다양하게 유지될 때 생태계의 구조와 기능이 균형을 이룰 수 있다.

생물다양성은 1992년 브라질 리우에서 개최된 '유엔환경개발회의'에서 부각된 개념이기도 하다. 이 회의에서는 '환경적으로 건전하고 지속 가능한 발전'이라는 이념 실현을 위해 지구온난화 방지를 위한 기후 변화 협약과 생물종의 감소를 막기 위한 생물다양성협약이 제안되었다. 이 과정에서 생물다양성 보전은 국제적인 환경보전 정책으로 자리 잡았다. 우리나라도 1992년 생물다양성협약에 가입하고

자연환경 보전법과 생물다양성 보전 및 이용에 관한 법률을 제정하여 국가 차원에서 생물다양성 보전을 위한 다양한 활동과 노력을 하고 있다.

2002년 리우 유엔환경개발회의 20주년을 맞이하여 남아프리카공화국 요하네스버그에서는 '지속 가능한 개발에 관한 세계 정상회의'가 개최되었다. 이 회의에서는 농업 분야의 전통적인 농업 시스템 보전과 이를 통한 농업 생물다양성의 보전을 목적으로 '세계중요농업유산 이니셔티브'가 발족되었다.

국제연합식량농업기구(FAO)는 인류 사회와 자연환경이 공동 진화하면서 만들어진 전통적인 농업 활동이 지구 차원의 중요한 생물다양성을 보전하면서 지역사회의 지속 가능한 발전을 유지해 나가는 탁월한 토지 이용 시스템과 경관을 세계중요농업유산으로 정의하고 있다. 세계중요농업유산 이니셔티브 발족 이후 2005년부터 6개 국가(알제리, 칠레, 중국, 페루, 필리핀, 튀니지)에서 세계중요농업유산 시범 사업을 실시하였다. 시범 사업 이후 세계중요농업유산제도는 전 세계적으로 시행되었다. 우리나라에서도 2012년 4월 '농어업유산제도 시행 계획'을 발표하고, 관련 제도를 마련하여 국가중요농업유산을 지정하고 있다. 또한 국가중요농업유산 중 세계적으로 의미 있는 농업유산을 세계중요농업유산으로 등재하기 위한 활동을 지속하고 있다.

농업유산은 국가 또는 지역사회에서 지역 주민들이 환경에 적응하면서 몇 세기에 걸쳐 발전시켜온 농업적 토지 이용, 농업과 관련된 전통문화, 경관, 생물다양성을 보전하여 차세대에 계승하는 것을 목적으로 한다. 이 농업유산은 일반적인 문화유산과는 달리 과거, 현재, 미래까지 연속적으로 유지되어야 하는 '살아 있는 유산(Living Heritage)'이라는 특징이 있다. 또한 이를 유지하기 위해서는 시대와 환경 변화에 적응해야 하는 동적인 보전이 필요하다는 어려움도 있다.

농업유산의 생물다양성은 인류가 오랫동안 자연환경을 극복하고 생존을 위한 농업 활동을 통해 조성한 농지, 농지 관련 서식지, 경관, 자연환경에 적응하는 과정에서 재배 및 사육한 생물종과 유전자, 농업 활동에 동반하여 살아가는 다양한 생물종 등이 해당된다. 그러나 농업 생물다양성은 산업화에 따른 사회 변화로 인해 농업환경이 변화됨에 따라 농경지와 농경지가 구성하는 경관, 재배나 사육하는 농작물과 가축 등이 바뀌어 가면서 큰 위협을 받고 있다. 전통적인 농업이나 농업유산에서 볼 수 있었던 농업 생물다양성 자원은 이 과정에서 급격하게 감소되고 있다. 따라서 이를 보전하기 위한 특별한 노력이 필요하다. 생물다양성은 단순히 유산으로서의 가치만이 아니라 미래의 다양한 환경문제에 대응하기 위한 자연자산으로서 가치가 크기 때문이다.

생물다양성을 이루는 각 요소들은 상호 밀접한 연관성이 있다. 한두 가지 요소가 사라지는 것은 당장 환경에 미치는 영향이 그리 크지 않은 것처럼 보인다. 하지만 구성 요소의 상당 부분이나 중요한 역할을 하는 생물종이 사라질 경우 자연환경은 회복할 수 없는 상태로 변화된다. 최근 국제적으로 문제가 되고 있는 꿀벌 감소에 따른 꽃가루받이의 어려움이나 1960년대 중국에서 전국적으로 벌인 참새 박멸 운동이 결국 해충 창궐을 일으켜 대규모 기아 사태를 초래한 것은 생물다양성 훼손 피해의 대표적 사례라고 할 수 있다.

의성 전통수리농업 시스템의 생물다양성

의성은 내륙 분지의 지형적 특성 때문에 계절별 기온 차가 심하고, 우리나라 평균 강수량에 비해 매우 적은 소우지대다. 또한 우리나라 최초의 화산인 금성산 화산지역이 있어 화산토 토양 특성상 물이 고이지 않는 토질이다.

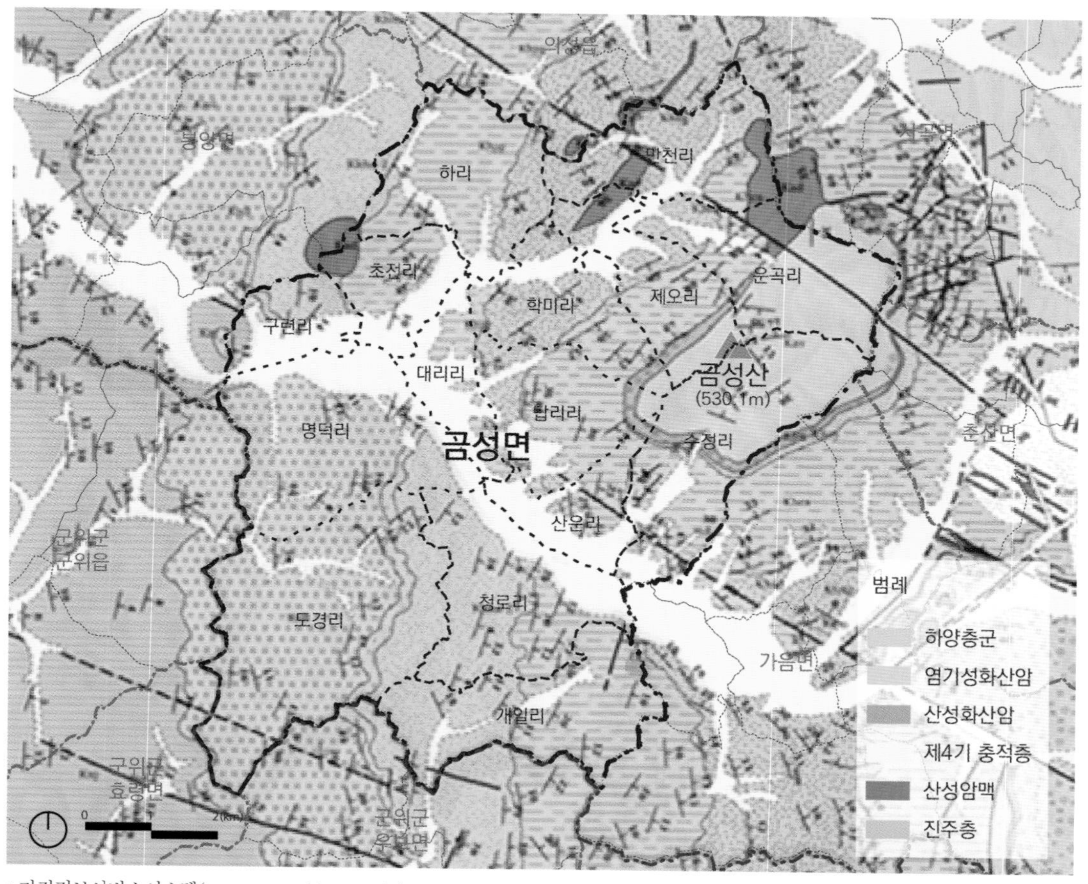

* 지질정보서비스시스템(www.mgeo.kigam.re.kr)

금성산 주변 금성면 지질도

이 같은 의성의 기후와 토양 특성은 물 부족 문제를 야기했고, 이로 인해 농사를 짓는 데 큰 어려움을 겪었다. 최근까지도 의성은 가뭄이 들면 심각한 물 부족으로 인해 곤경에 처하기도 했다. 이런 물 부족 문제를 극복하기 위해 의성 주민들은 오랜 시간에 걸쳐 크고 작은 소류지를 곳곳에 조성하였다. 우기에 내리는 빗물을 저장하여 농업용수로 활용하기 위한 소류지는 의성 주민들의 슬기가 발휘된 지혜의

의성 농업유산 지역의 생태계 구성

산물이다.

의성에는 약 6,000여 개의 소류지가 있고, 소류지와 연계한 다양한 수리 시설과 제도가 함께 발달하였다. 또한 벼농사와 달리 물을 많이 필요로 하지 않는 건조지에서 재배 가능한 마늘 농사와 과수원 농업도 함께 발달하였다.

의성 주민들이 이렇게 많은 소류지를 조성한 것은 사실 안정적인 농업용수 공급을 위한 노력이었다. 하지만 당초 의도와는 상관없이 소류지들은 지역의 생물다양성을 증진하는 데 큰 역할을 하고 있다. 의성의 많은 소류지는 수생식물과 습지식물, 민물 어류와 수서 무척추동물, 이곳을 터전으로 살아가는 많은 양서류와 물새, 포유동물 등의 서식지가 되었다. 물 부족 지역인 의성에서 농업 활동을 위해 쓰인 소류지가 이제는 습지와 관련된 서식지 다양성을 보완하고, 소류지 주변을 중심으로 생물종 다양성을 증진시키는 큰 역할을 하고 있다.

이를 조금 구체적으로 살펴보면, 금성산 일대의 논과 크고 작은 소류지, 수로는 서로 연계되어 물 네트워크를 이루고 있다. 이런 물 네트워크에 금성산의 산림, 논, 밭, 과수원, 휴경지 등의 육상 생태계가 연계되어 다양한 서식처를 제공하는 복합 생태계를 구성한다. 이 일대의 논과 저수지에서는 다양한 곤충과 수서 무척추동물, 조류, 어류가 발견되고 있어 소류지를 기반으로 하는 건강한 물 생태계가 형성되었음을 보여 준다. 특히 멸종위기 동물이면서 최상위 포식자인 수달이 서식하고 있어 먹이사슬 구조가 안정적으로 형성되어 있음을 알 수 있다.

의성 전통수리농업 시스템의 종 다양성

의성 전통수리농업 지역에 대한 생물종 조사는 2020년에 진행하였다. 조사 장소는 의성군 금성면 탑리 2리, 운곡리, 장 2리의 소류지와 주변 지역이다. 조사는 벨트 형태로 조사구를 설정(Belt-transect 방법)하고, 산림-묘지-저수지(소류지)-과수원-논을 따라 토지 이용 유형별로 출현하는 식물종을 브라운블랑케(Braun-Blanquet) 식생 조사법으로 하였다. 식물종 문헌 조사는 제3차 전국자연환경조사(2010년) 결과를 기본으로 하였다. 보호종은 정규영 등의 '한반도 특산식물 목록'(《한국식물분류학회지》 47(3), 2017), 산림청과 국립수목원의 '산림청 지정 희귀식물 목록'(2008)을 바탕으로 정리하였다. 귀화식물은 산림청과 국립수목원의 '한국침입외래식물 목록'(2016)을 바탕으로 정리하였다. 동물종 조사는 문헌 조사로 진행하였으며, 제3차 전국자연환경조사(2010년) 결과를 바탕으로 하였다.

식물종 현황

문헌 조사 결과 제3차 전국자연환경조사(2010년)에서 의성군 식물종은 66과 143속 163종 28변종 1아종 5품종으로, 총 197분류군이 분포하는 것으로 조사되었다. 2020년 의성군 금성면 탑리 2리, 운곡리, 장 2리 수리 시설(저수지) 농업지역 식물종 조사 결과는 61과 134속 157종 21변종 3품종으로, 총 181분류군이 출현하였다. 양치식물은 3과 3속 3종(1.7%), 나자식물은 2과 2속 2종(1.7%), 단자엽식물은 8과 22속 31종(17.1%), 쌍자엽식물은 48과 107속 144종(79.6%)이 나타났다. 출현하는 상위 5개 과별 현황은 국화과가 26종(14.4%)으로 가장 높았으며, 벼과 16종(8.8%), 장미과 15종(8.3%), 십자화과 10종(5.5%), 콩과 9종(5%) 순으로 나타났다.

2010년 제3차 전국자연환경조사 결과에서 의성군 전역 식물종이 197종 조사된 것과 2020년 의성 전통수리농업 지역 소류지와 주변 식물종 조사 결과 총 181종이 출현한 것을 비교하면, 의성 전통수리농업 지역 소류지와 그 주변 지역이 좁은 면적임에도 불구하고 매우 많은 식물종이 출현하였다. 이는 생물다양성 보전 측면에서 이 지역이 매우 중요한 역할을 하고 있음을 말해 준다.

의성군 금성면 탑리 2리·운곡리·장 2리 수리 시설(저수지) 농업지역 식물종

종류	과	속	종	변종	아종	품종	합계
양치식물	3	3	3	–	–	–	3
나자식물	2	2	3	–	–	–	3
단자엽식물	8	22	27	4	–	–	31
쌍자엽식물	48	107	124	17	3	–	144
합계	61	134	157	21	3	–	181

보호종 분석

문헌 조사 결과 제3차 전국자연환경조사(2010년)에서 의성군 식물종 조사 결과 식물구계학적 특정종으로는 V등급의 통발 1종, IV등급의 수염마름·댕댕이나무 등 2종, III등급의 바위손·솔체꽃·낭아초·가침박달·땅비수리·노랑갈퀴·질경이택사 등 7종, II등급의 애기석위·청괴불나무·뻐꾹채 등 3종, I등급의 올괴불

나무·투구꽃·큰꽃으아리·뚜껑덩굴·산조팝나무·백선·덩굴꽃마리·뿔말 등 8종이 확인되었다. 이 중 V등급의 통발, IV등급의 수염마름, III등급의 질경이택사, I등급의 뿔말은 의성 전통수리농업 지역 소류지들이 보전됨으로써 남아 있는 중요한 종들이다.

2020년 조사 결과 의성군 금성면 탑리 2리·운곡리·장 2리 수리 시설(저수지) 농업지역에서 출현한 한국 특산식물은 능수버들·키버들·백운산원추리 등 3종, 산림청 지정 희귀식물은 약관심종(LC)으로 낙지다리·가침박달·개지치·창포 등 4종이 확인되었다.

백운산원추리는 원추리의 정명으로, 양지바른 저지대 산림에 흔히 나타나는데 대상지에서는 산림 주연부에서 확인되었다. 가침박달은 전라남도 우이도, 충청북도 단양군과 청주시, 인천광역시 덕적도, 강원도 양구 등 불연속적인 분포로 나타나며 석회암 지대에서 주로 생육한다고 알려져 있다(국립수목원, 2012·김경아 등 2014). 그러나 인위적인 자생지 환경 훼손 및 파괴 등으로 개체수가 현저히 줄어들고 있으며(김경아 등 2014), 대상지 내에서는 산림 내에 소수의 개체가 분포하였다. 개지치는 남부지방의 초지나 경작지 주변에서 생육하며, 대상지 내에서는 저수지 주변에서 확인되었다. 능수버들은 전국적으로 하천과 마을 주연부 등 광범위하게 분포하며, 대상지 내에서는 저수지 주변에 주로 분포하였다. 키버들은 전국적으로 하천·호소 등 정수역에 드물게 분포하며, 대상지 내에서는 저수지 주변에 소수 개체로 확인되었다. 낙지다리와 창포는 하천·호소 등 정수역 가장자리에 주로 생육하며, 대상지 내에서는 산림과 인접한 지역의 저수지에 소수 개체로 분포하였다.

최근에 택지 개발, 하천 정비 등으로 인해 낙지다리, 창포 서식지인 습지가 사라지거나 변형되면서 개체수가 줄어들고 있어 보전의 필요성이 요구되고 있다. 의성

의성군 수리 시설에 서식하는 한국 특산식물 낙지다리(좌)와 창포(우)

전통수리농업 지역 소류지들은 인간의 간섭을 떠나 낙지다리와 창포 서식지가 보전되고 있는 생물다양성 보전 효과가 있어 더욱 적극적인 보전이 필요하다.

의성군 금성면 탑리 2리·운곡리·장 2리 수리 시설(저수지) 농업지역 특산식물 현황

종		비고
버드나무과	*Salix pseudolasiogyne H.Lev* 능수버들	특산
	Salix koriyanagi Kimura f. koriyanagi 키버들	특산
돌나물과	*Penthorum chinense Pursh* 낙지다리	희귀
장미과	*Exochorda serratifolia S.Moore var. serratifolia* 가침박달	희귀
지치과	*Lithospermum arvense L.* 개지치	희귀
천남성과	*Acorus calamus L.* 창포	희귀
백합과	*Hemerocallis hakuunensis Nakai* 백운산원추리	특산

귀화식물

의성군 금성면 탑리 2리·운곡리·장 2리 수리 시설(저수지) 농업지역에서 출현한

귀화식물 중 초본식물은 소리쟁이, 흰명아주, 긴털비름, 자주개자리, 나팔꽃, 큰개불알풀, 개망초, 만수국아재비, 망초, 서양민들레, 물참새피 등 20종이다. 목본식물은 아까시나무, 족제비싸리 등 2종이 나타나 귀화식물은 총 22종이 조사되었다. 과별 현황을 보면 국화과가 9종(40.9%)으로 다른 종에 비해 높게 나타났으며, 콩과 5종(27.3%), 마디풀과·명아주과·비름과·바늘꽃과·메꽃과·현삼과·벼과가 각각 1종(4.5%) 순이다.

생태계 교란 야생생물로는 미국쑥부쟁이, 물참새피 등 2종이 확인되었다. 미국쑥부쟁이는 전국적으로 분포하며, 대상지 내에서는 저수지 주변으로 뿌리 부분에서 잎이 나는 소수의 개체가 확인되었다. 물참새피는 전국적으로 하천, 호소, 저수지를 중심으로 군락을 형성하고 있으나 대상지 내에서는 소수 개체로 확인되었다. 미국쑥부쟁이와 물참새피의 경우 대상지 내에서는 세력이 경미하게 나타났지만 향후 대상지 내 전역으로 확산될 가능성이 높아 지속적인 모니터링이 필요하다.

기타 외래식물로 리기다소나무, 양버들, 용버들, 미국수련, 다닥냉이, 말냉이, 가죽나무, 어저귀 등이 확인되었다. 리기다소나무, 양버들, 용버들, 미국수련은 식재 및 조림된 종이다.

의성군 금성면 탑리 2리·운곡리·장 2리 수리 시설(저수지) 농업지역 귀화식물

종		비고
소나무과	*Pinus rigida Mill* 리기다소나무(조림)	외래
버드나무과	*Populus nigra var. italica Koehne* 양버들(식재)	외래
	Salix matsudana f. tortuosa Rehder 용버들(식재)	외래
마디풀과	*Rumex crispus L.* 소리쟁이	귀화
명아주과	*Chenopodium album L.* 흰명아주	귀화
비름과	*Amaranthus hybridus L.* 긴털비름	귀화

종		비고
수련과	*Nymphaea odorata Aiton* 미국수련(식재)	외래
십자화과	*Lepidium apetalum Willd* 다닥냉이	외래
	Thlaspi arvense L. 말냉이	외래
콩과	*Vicia villosa Roth* 벳지	귀화
	Robinia pseudoacacia L. 아까시나무(조림)	귀화
	Medicago sativa L. 자주개자리	귀화
	Medicago lupulina L. 잔개자리	귀화
	Amorpha fruticosa L. 족제비싸리	귀화
	Trifolium repens L. 토끼풀	귀화
소태나무과	*Ailanthus altissima(Mill.) Swingle* 가죽나무	외래
아욱과	*Abutilon theophrasti Medicus* 어저귀	귀화
바늘꽃과	*Oenothera biennis L.* 달맞이꽃	귀화
메꽃과	*Pharbitis nil(L.) Choisy* 나팔꽃	귀화
현삼과	*Veronica persica Poir* 큰개불알풀	귀화
국화과	*Erigeron annuus(L.) Pers* 개망초	귀화
	Senecio vulgaris L. 개쑥갓	귀화
	Tagetes minuta L. 만수국아재비	귀회
	Conyza canadensis(L.) Cronquist 망초	귀화
	Bidens frondosa L. 미국가막사리	귀화
	Aster pilosus Willd 미국쑥부쟁이	귀화
	Sonchus oleraceus L. 방가지똥	귀화
	Taraxacum officinale Weber 서양민들레	귀화
	Xanthium canadense Mill 큰도꼬마리	귀화
	Paspalum distichum L. 물참새피	귀화

탑리 2리 수리 시설(저수지) 농업지역 식물종 현황

탑리 2리 수리 시설(저수지) 농업지역 토지 이용 유형별 식물종 조사 결과 45과 98속 108종 12변종 3품종으로, 총 123분류군이 출현하였다. 양치식물은 2과 2속 2종(1.6%), 나자식물은 1과 1속 2종(1.6%), 단자엽식물은 6과 17속 24종(19.5%), 쌍자엽식물은 36과 78속 95종(77.2%)으로 나타났다.

출현하는 상위 5개 과별 현황으로는 국화과가 15종(12.2%)으로 가장 높으며, 벼과 14종(11.4%), 장미과 9종(7.3%), 콩과와 십자화과가 각각 7종(5.7%) 순으로 나타났다.

이 지역에서 조사한 저수지 및 소류지들은 대부분 경작지들과 인접하고 있어 환삼덩굴, 소리쟁이 등 경작지 식생들의 이입이 많았다.

탑리 2리 수리 시설(저수지) 농업지역 식물종 현황

종　류	과	속	종	변종	아종	품종	합계
양치식물	2	2	2	–	–	–	2
나자식물	1	1	2	–	–	–	2
단자엽식물	6	17	21	3	–	–	24
쌍자엽식물	36	78	83	9	3	–	95
합　계	45	98	108	12	3	–	123

이 조사 지역을 토지 이용 유형별로 분류하였을 때 산림, 묘지, 논, 과수원, 소류지, 저수지 등 총 6종류의 토지 이용 유형이 나타났다.

산림지역의 식생은 총 18과 31속 34종이 나타났으며, 환삼덩굴·개망초 등 일부 인접해 있는 경작 식생들의 유입이 나타났다.

탑리 2리 산림지역 식물종 현황

구 분		내 용
층위	교목층	리기다소나무(조림), 상수리나무, 소나무
	아교목층	벚나무, 아까시나무(조림)
	관목층	까마귀밥나무, 찔레꽃, 쥐똥나무, 사위질빵, 감태나무, 국수나무, 멍석딸기, 족제비싸리, 인동덩굴
	초본층	환삼덩굴, 별꽃, 좁쌀냉이, 뱀딸기, 광대나물, 갈퀴덩굴, 꼭두서니, 개망초, 뽀리뱅이, 서양민들레, 쑥, 좀담배풀, 주름조개풀, 그늘사초, 무릇, 양지꽃, 짚신나물, 자주개자리, 솔나물, 억새
특이 사항		묘지와 경작지, 마을과 인접한 산림 주연부에 환삼덩굴, 별꽃, 개망초, 뽀리뱅이, 서양민들레, 쑥 등 경작 식생이 일부 나타남.

묘지에 출현한 식물은 총 12과 18속 18종이며, 묘지에서 주로 나타나는 수영과 솔나물이 소수로만 나타났다.

탑리 2리 묘지 지역 식물종 현황

구 분		내 용
층위	관목층	멍석딸기, 찔레꽃
	초본층	꼬리고사리, 수영, 벼룩이자리, 장구채, 꽃다지, 양지꽃, 짚신나물, 호제비꽃, 달맞이꽃, 사상자, 솔나물, 개망초, 쑥, 김의털, 잔디(식재), 가는잎그늘사초
특이 사항		묘지에서 주로 확인되는 수영과 솔나물은 소수의 개체가 분포하는 것으로 확인되었음.

과수원에서 출현한 식물은 총 8과 16속 18종으로, 별꽃·꽃다지·질경이 등 대부분 경작 식생에서 전형적으로 나타나는 식물들이 확인되었다.

탑리 2리 과수원 지역 식물종 현황

구 분	내 용
특이 사항	별꽃, 꽃다지, 냉이, 꽃마리, 광대나물, 익모초, 큰개불알풀, 질경이, 노랑선씀바귀, 뽀리뱅이, 서양민들레, 조뱅이, 털민들레 등 대부분 경작 식생이 확인되었음.

논에서 출현한 식물은 총 13과 20속 23종으로 확인되었으며, 개구리자리·좀소시랑개비 등 습지 식생이 주로 출현하였다.

탑리 2리 논 지역 식물종 현황

구 분	내 용
특이 사항	개구리자리, 속속이풀, 재쑥, 좀개소시랑개비, 미나리, 미국가막사리 등 습지 식생이 주로 출현함.

소류지에 출현한 식물은 총 26과 48속 50종이 확인되었으며, 희귀 습지식물인 낙지다리가 발견되었다. 마름, 말즘, 솔방울고랭이와 같이 물이 고여 있는 지역에서 서식하는 습지식물들이 나타나는 것을 확인하였다.

탑리 2리 소류지 지역 식물종 현황

구 분		내 용
층위	관목층	찔레꽃, 버드나무, 멍석딸기, 족제비싸리
	초본층	환삼덩굴, 명아자여뀌, 털쇠무릎, 벼룩이자리, 꽃다지, 다닥냉이, 말냉이, 좁쌀냉이, 낙지다리, 벳지, 자주개자리, 호제비꽃, 마름, 물수세미, 박주가리, 꽃받이, 갈퀴덩굴, 개망초, 도깨비바늘, 만수국아재비, 망초, 미국가막사리, 뽀리뱅이, 서양민들레, 쑥, 지칭개, 말즘, 개기장, 금강아지풀, 달뿌리풀, 흰명아주, 별꽃, 젓가락나물, 냉이, 말냉이, 뱀딸기, 돌콩, 미나리, 사상자, 배암차즈기, 갈퀴덩굴, 부들, 택사, 솔방울고랭이, 소리쟁이, 쥐손이풀, 익모초, 개쑥갓, 지칭개
특이 사항		낙지다리의 경우 희귀한 습지식물로, 소류지2 가장자리에 소수의 개체가 서식하는 것으로 확인되었음. 마름과 물수세미·말즘은 수생식물로 정수역에 흔하며, 소류지 내에 개체수가 고루 분포하였음.

저수지에 출현한 식물은 35과 68속 84종이 확인되었다. 경작지 근처 저수지의 경우 개지치와 같은 경작지 식생들이 유입된 것을 확인하였으며, 능수버들·버드나무·물억새 등 다양한 습지 식생이 확인되었다.

탑리 2리 저수지 지역 식물종 현황

구 분		내 용
층위	교목층	능수버들, 찔레꽃, 양버들, 고욤나무,
	아교목층	버드나무, 상수리나무, 팽나무, 뽕나무, 아까시나무, 감나무, 능수버들
	관목층	까마귀밥나무, 조팝나무(식재), 찔레꽃, 아까시나무, 족제비싸리, 용버들, 멍석딸기, 푼지나무, 회잎나무, 산수유, 인동덩굴
	초본층	쇠뜨기, 꼬리고사리, 고마리, 환삼덩굴, 소리쟁이, 긴털비름, 벼룩이자리, 며느리배꼽, 별꽃, 쇠별꽃, 애기똥풀, 꽃다지, 냉이, 말냉이, 뱀딸기, 재쑥, 좁쌀냉이, 짚신나물, 돌콩, 토끼풀, 호제비꽃, 물수세미, 미나리, 벳지, 쥐손이풀, 미나리, 사상자, 개지치, 광대나물, 배암차즈기, 익모초, 개불알풀, 큰개불알풀, 질경이, 갈퀴덩굴, 개망초, 개쑥갓, 쑥, 미국가막사리, 도깨비바늘, 망초, 서양민들레, 조뱅이, 지칭개, 부들, 말즘, 실말, 갈대, 강아지풀, 산달래, 달뿌리풀, 명아자여뀌, 가는살갈퀴, 자주개자리, 마름, 박주가리, 빽쑥, 가을강아지풀, 개기장, 그령, 물억새, 솔새 , 털쇠무릎, 속속이풀, 큰잎부들, 물참새피

운곡리 수리 시설(저수지) 농업지역 식물종 현황

운곡리 수리 시설 농업지역 토지 이용 유형별 식물종 조사 결과 50과 112속 126종 16변종 2품종으로, 총 144분류군이 출현하였다. 양치식물은 2과 2속 2종(1.4%), 나자식물은 2과 2속 2종(1.4%), 단자엽식물은 7과 16속 21종(14.6%), 쌍자엽식물은 39과 92속 119종(82.6%)으로 나타났다.

출현하는 상위 5개 과별 현황으로는 국화과가 22종(15.3%)으로 가장 높으며, 장미과 12종(8.3%), 벼과 11종(7.6%), 십자화과와 콩과가 각각 9종(6.3%) 순으로 나타났다.

이 조사 지역의 저수지 및 소류지 지역에서 산림청 지정 희귀식물인 낙지다리, 개지치, 창포 등 3종이 발견되었다.

운곡리 수리 시설 농업지역 식물종 현황

종류	과	속	종	변종	아종	품종	합계
양치식물	2	2	2	–	–	–	2
나자식물	2	2	2	–	–	–	2
단자엽식물	7	16	19	2	–	–	21
쌍자엽식물	39	92	103	14	2	–	119
합계	50	112	126	16	2	–	144

이 조사 지역을 토지 이용 유형별로 분류하였을 때 산림·묘지·버드나무 육화 지역, 하천, 소류지, 저수지 등 총 6종류로 나타났다.

산림에서 출현한 식물은 총 15과 18속 19종이 나타났으며, 노간주나무·감태나무·국수나무 등이 나타난 것으로 보아 척박하고 건조한 환경임을 알 수 있다.

운곡리 산림지역 식물종 현황

구 분		내 용
층위	아교목층	상수리나무, 아까시나무(조림)
	관목층	노간주나무, 감태나무, 생강나무, 국수나무, 줄딸기, 줄사철나무, 진달래
	초본층	양지꽃, 오이풀, 졸방제비꽃, 노루발, 큰까치수염, 맑은대쑥, 억새, 그늘사초, 백운산원추리
특이 사항		산림에서 소나무, 노간주나무, 감태나무, 국수나무, 진달래, 맑은대쑥 등이 출현한 것으로 보아 척박하고 건조한 환경임을 알 수 있음.

묘지에 출현한 식물은 총 11과 16속 12종이 확인되었다.

운곡리 묘지 지역 식물종 현황

구 분		내 용
층위	관목층	으아리, 국수나무, 산딸기, 조팝나무
	초본층	가는잎족제비고사리, 수영, 할미꽃, 댕댕이덩굴, 양지꽃, 제비꽃, 솔나물, 개망초, 미국쑥부쟁이, 김의털, 그늘사초, 각시붓꽃

버드나무 육화 지역에는 총 12과 14속 16종이 확인되었다. 대상지에서는 버드나무가 우점한 가운데 소리쟁이·말냉이·쥐손이풀 등 일부 경작 식생들이 이입되었으며, 일부 물이 고인 곳에 키버들·낙지다리·미나리 등 습지 식생이 소수 발견되었다.

운곡리 버드나무 육화 지역 식물종 현황

구 분	내 용
경작 식생	쇠뜨기, 소리쟁이, 말냉이, 찔레꽃, 돌콩, 쥐손이풀, 쑥, 강아지풀, 개기장, 금강아지풀
습지 식생	버드나무, 키버들, 낙지다리, 미나리, 부들, 갈대
특이 사항	일부 물이 고인 곳에 습지 식생이 소수 발견되었으나 향후 우점 세력에 의해 밀려날 것으로 예상됨.

하천에서 출현한 식물은 총 13과 23속 27종으로 확인되었으며, 습지성 식물인 고마리·황새냉이·미나리 등이 출현하였다.

운곡리 하천 지역 식물종 현황

구 분	내 용
초본층	말냉이, 흰밀들래, 쥐손이풀, 애기똥풀, 서양민들레, 갈퀴덩굴, 좁쌀냉이, 쇠별꽃, 미나리, 환삼덩굴, 고말이 자주개자리, 익모초, 망초, 사상자, 강아지풀, 쑥, 토끼풀, 소리쟁이, 개망초, 김털비름, 꽃다지, 금강아지풀, 황새냉이, 개기장, 도깨비바늘, 돌콩

저수지에 출현한 식물은 총 35과 80속 90종으로 확인되었다. 키버들, 연꽃, 낙지다리, 솔방울고랭이 등 다양한 습지 식생들이 분포했다. 또한 저수지5(소금못) 지역에서는 국내에서 새로운 종으로 기록된 가는쑥부지깽이 서식이 확인되었다.

가는쑥부지깽이(신칭)는 십자화과 식물로서 김윤영 등(2018)이 새롭게 보고한 식물이다. 쑥부지깽이는 국내에 강원, 경기, 경북, 전남 일대에 분포하는 것으로 알려져 있다. 그러나 안동, 대구, 남원 일대를 조사한 결과 쑥부지깽이와 유사하

가는쑥부지깽이의 개화

가는쑥부지깽이 잎

지만 줄기가 다소 가늘고 잎의 폭 및 꽃잎의 폭이 좁은 식물을 '가는쑥부지깽이(*Erysimum macilentum Bunge*)'로 새롭게 명명하였다. 대상지 내 발견 지역은 저수지(소금못) 주변에서 확인되었으며, 소수의 개체가 분포하고 있다.

운곡리 저수지 지역 식물종 현황

구 분		내 용
층위	교목층	양버들
	아교목층	버드나무, 광대싸리, 아까시나무
	관목층	소나무, 버드나무, 사위질빵, 국수나무, 멍석딸기, 산딸기, 조팝나무, 찔레꽃, 족제비싸리, 아까시나무, 가죽나무, 광대싸리, 대추나무, 키버들, 상수리나무, 회잎나무, 인동덩굴, 까마귀밥나무, 싸리, 키버들
	초본층	쇠뜨기, 환삼덩굴, 명아자여뀌, 개여뀌, 며느리배꼽, 수영, 벼룩이자리, 쇠별꽃, 점나도나물, 연꽃, 애기똥풀, 가는쑥부지깽이, 장구채, 개갓냉이, 좀꿩의다리, 할미꽃, 산괴불주머니, 꽃다지, 냉이, 말냉이, 재쑥, 좁쌀냉이, 돌나물, 뱀딸기, 짚신나물, 돌콩, 벳지, 자주개자리, 잔개자리, 사상자, 박주가리, 낙지다리, 애기메꽃, 개지치, 쥐손이풀, 호제비꽃, 딱지꽃, 양지꽃, 오이풀, 짚신나물, 호제비꽃, 가는살갈퀴, 달맞이꽃, 꽃받이, 봄맞이, 꽃마리, 광대나물, 익모초, 향유, 갈퀴덩굴, 꼭두서니, 솔나물, 개망초, 고들빼기, 벌씀바귀, 망초, 미국가막사리, 미국쑥부쟁이, 사철쑥, 쑥, 왕고들빼기, 엉겅퀴, 조뱅이, 지칭개, 개기장, 나도개피, 부들, 말즘, 갈대, 강아지풀, 개기장, 솔방울고랭이, 무릇, 김의털, 달뿌리풀, 솔새, 큰기름새, 억새, 그늘사초, 청사초, 털민들레, 서양민들레

2종, 조류에서 멸종위기 조류 II급은 4종, 보호종은 16종이 출현하였다.

이 중 양서파충류, 담수어류, 저서성 무척추동물, 멸종위기조류 II급 흰목물떼새와 보호종인 물총새, 원앙, 청호반새가 의성 전통수리농업 지역 소류지를 중심으로 서식하고 있어 이 지역이 생물다양성 보전 측면에서 매우 중요한 역할을 하고 있음을 알 수 있다. 또한 보호종은 아니지만 매우 다양한 오리류 등 물새류가 이곳 소류지를 중심으로 서식하고 있어 생물다양성 보전에 중요한 역할을 하고 있다.

양서·파충류

제3차 전국자연환경조사에 따른 의성군 양서·파충류 분석 결과 총 3목 8과 15종이 확인되었다. 양서류는 2목 6과 10종, 파충류는 1목 2과 5종의 서식이 확인되었다. 법적 보호종으로 멸종위기 II등급인 맹꽁이가 나타났다.

제3차 전국자연환경조사 의성군의 양서·파충류 출현 현황

양서류 종명	파충류 종명
Hynobius leechii 도롱뇽	*Elaphe rufodorsata* 무자치
Onychodactylus fischeri 꼬리치레도롱뇽	*Rhabdophis tigrinus* 유혈목이
Bombina orientalis 무당개구리	*Dinodon rufozonatus* 능구렁이
Bufo gargarizans 두꺼비	*Gloydius ussuriensis* 쇠살모사
Hyla japonica 청개구리	*Gloydius Brevicaudus* 살모사
Kaloula borealis 맹꽁이	총 2과 5종
Rana coreana 한국산개구리	
Rana dybowskii 북방산개구리	
Rana huanrenensis 계곡산개구리	
Rana nigromaculata 참개구리	
총 6과 10종	

담수어류

제3차 전국자연환경조사에 따른 의성군 담수어류 분석 결과 총 3목 5과 17종 21종이 나타났다. 조사 지역 전체의 우점종은 피라미로 나타났으며, 생태계 교란 야생동물인 큰입배스와 블루길은 출현하지 않았다. 멸종위기 야생동물 혹은 천연기념물로 지정된 어종은 출현하지 않았으며, 한국 고유종은 11종이 확인되었다.

제3차 전국자연환경조사 의성군의 담수어류 출현 현황

종	
잉어과	*Carassius auratus* 붕어
	Rhodeus uyekii 각시붕어
	Acheilognathus lanceolatus 납자루
	Acheilognathus koreensis 칼납자루
	Acheilognathus yamatsutae 줄납자루
	Pseudorasbora parva 참붕어
	Pungtungia herzi 돌고기
	Sarcocheilichtys variegatus wakiyae 참중고기
	Squalidus gracilis majimae 긴몰개
	Squalidus chankaensis tsuchigae 참몰개
	Microphysogobio yaluensis 돌마자
	Rhynchocypris oxycephalus 버들치
	Zacco koreanus 참갈겨니
	Zacco platypus 피라미
	Opsariichthys uncirostris amurensis 끄리
미꾸리과	Misgurnus anguillicaudatus *미꾸리*
	Cobitis hangkugensis 기름종개
	Niwaella multifasciata 수수미꾸리

종	
동자개과	*Pseudobagrus fulvidraco* 동자개
동사리과	*Odontobutis platycephala* 동사리
망둑어과	*Rhinogobius brunneus* 밀어

육상 곤충

제3차 전국자연환경조사에 따른 의성군 곤충종 출현 여부 조사 결과 총 11목 102과 259종이 나타났다. 멸종위기 야생동물 대상 생물은 없었으며, 한반도 고유 생물종 5종이 본 조사 지역의 중요 곤충자원으로 파악되었다.

제3차 전국자연환경조사 의성군 육상 곤충 출현 현황

목	과	종	멸종 위기종	고유종	국외반출승인 대상종	특정종	IUCN Red List
잠자리목	2	2	–		–	–	–
바퀴목	1	1	–	1	–	–	–
사마귀목	1	1	–		–	–	–
메뚜기목	2	2	–	2	–	–	–
노린재목	10	31	–	1	–	3	–
매미목	6	23	–	1	–	–	–
풀잠자리목	2	2	–	–	–	–	–
딱정벌레목	16	32	–	–	–	7	–
벌목	6	15	–	–	–	11	–
파리목	7	18	–	–	–	11	–
나비목	23	115	–	–	2	5	–
11목	76	242	–	5	2	37	–

제3차 전국자연환경조사 의성 일대 육상 곤충 주요 종 출현 현황

구 분	종
멸종위기 Ⅰ급	–
멸종위기 Ⅱ급	애기뿔소똥구리, 붉은점모시나비(2)
고유종	고마로브집게벌레, 대성산실노린재, 꼬리명주나비, 방아깨비, 팥중이, 왕귀뚜라미, 섬서구메뚜기, 날베짱이, 검은다리실베짱이(9)
국외반출승인 대상종	사슴벌레, 흰눈물명나방, 홍점알락나비, 대왕나비, 꼬리명주나비(5)
특정종	하늘소, 털두꺼비하늘소, 국화하늘소, 상아잎벌레, 남생이무당벌레, 꼬마남생이무당벌레, 장수풍뎅이, 무당벌레붙이, 사슴벌레, 주둥무늬차색풍뎅이, 애기뿔소똥구리, 큰수중다리송장벌레, 빌리오드재니등에, 꼬마큰날개파리, 날개알락파리, 알린콩알락파리, 민무늬콩알락파리, 똥파리, 동애등에, 호리꽃등에, 알락꽃등에, 두줄꽃등에, 명월넓적꽃등에, 큰무늬배짧은꽃등에, 덩굴꽃등에, 배짧은꽃등에, 꽃등에 수중다리꽃등에 별넓적꽃등에, 꼬마꽃등에, 알통다리꽃등에, 털좀넓적꽃등에, 알락허리꽃등에, 표주박기생파리, 뚱보기생파리, 장수허리노린재(36)
IUCN Red List	–

저서성 무척추동물

제3차 전국자연환경조사에 따른 의성군 저서성 대형무척추동물 분석 결과 총 4문 4강 16목 39과 54종이 조사되었다.

멸종위기 야생동물, 국외반출승인 대상종에 해당되는 생물자원은 조사되지 않았으며, 한국 고유종인 주름다슬기·네모집날도래 KUa 등 2종이 출현하였다.

조류

제3차 전국자연환경조사에 따른 의성군 조류 분석 결과 총 88종이 조사되었다.

멸종위기 조류 Ⅰ급은 확인되지 않았으며 멸종위기 조류 Ⅱ급은 4종, 보호종은 16종이 출현하였다.

제3차 전국자연환경조사 의성군 조류 출현 현황

구 분	종
멸종위기 조류 Ⅰ급	–
멸종위기 조류 Ⅱ급	말똥가리, 새호리기, 수리부엉이, 흰목물떼새(4)
보호종	검은등뻐꾸기, 검은딱새, 꾀꼬리, 되지빠귀, 물총새, 벙어리뻐꾸기, 뻐꾸기, 소쩍새, 오색딱다구리, 원앙, 청딱다구리, 청호반새, 칼새, 큰오색딱다구리, 파랑새, 황조롱이(16)

의성 전통수리농업 시스템의 생태계 서비스

농업유산과 생태계 서비스

생태계 서비스는 생물다양성 보전을 통해 유지되는 생태계의 기능이 인류와 자연에 주는 영향을 경제적인 관점에서 정리한 이론이다. 생태계 서비스에 대한 연구는 1970년대부터 진행되었지만 2001년부터 2005년까지 유엔에서 진행한 새천년 생태계 서비스 평가(MA; Millenium ecosystem service Assessment)를 통해 일반화되었다.

생태계 서비스는 크게 공급 서비스, 조절 서비스, 문화 서비스와 이 세 가지 서비스를 지원하는 부양 서비스로 구성된다. 공급 서비스는 식량, 물, 목재, 연료 제공 등의 서비스다. 조절 서비스는 온도 조절, 홍수 조절, 기후 조절 등의 서비스다. 문화 서비스는 자연경관의 아름다움, 교육, 여가 및 휴양, 관광, 예술적 영감 제공과 같은 서비스다. 부양 서비스는 토양의 생성, 광합성, 야생생물의 서식처 제공 등과 같은 서비스다.

생태계 서비스는 생물다양성 보전을 통해 인류가 얻는 편익으로 인류의 생존에 필요한 안전, 식량과 에너지 제공, 건강 유지, 사회적 관계 유지 등을 통해 인간의 행복을 뒷받침하는 가장 기본적인 사항이다.

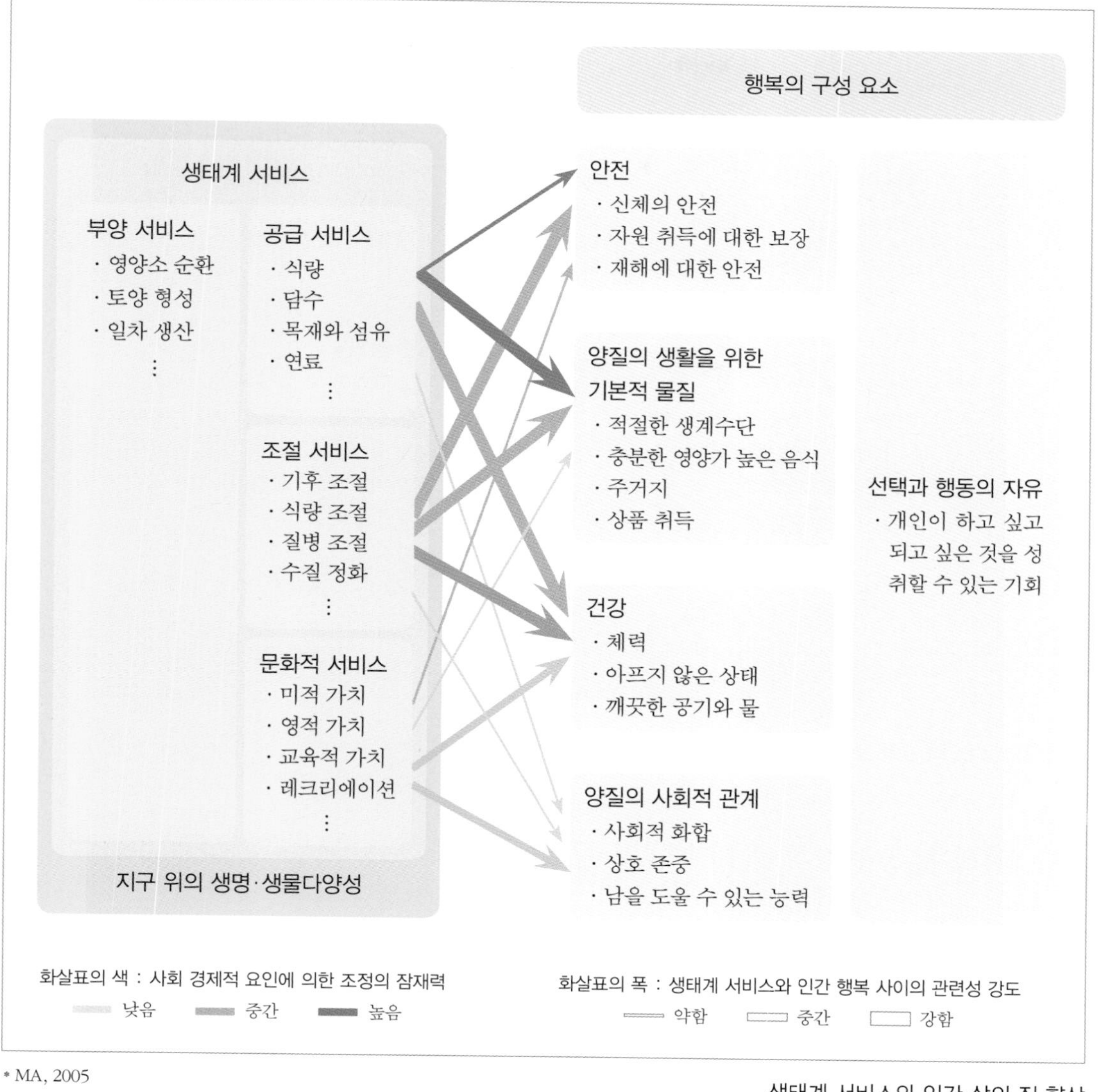

* MA, 2005

생태계 서비스와 인간 삶의 질 향상

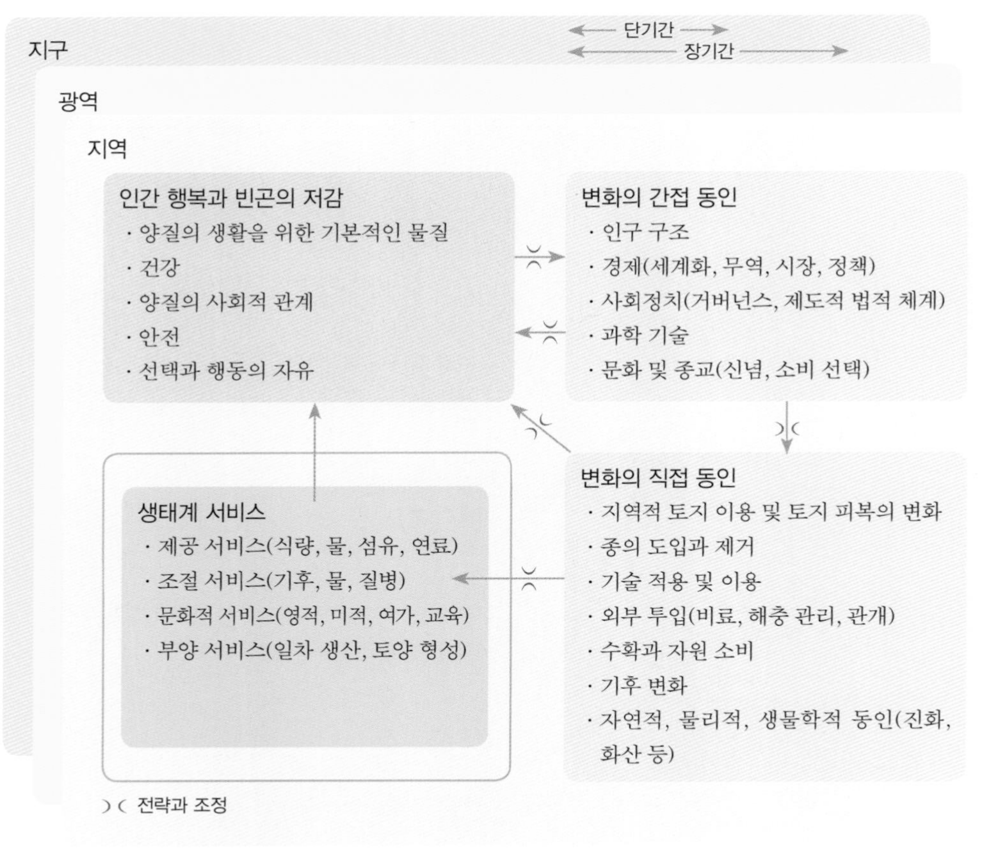

생태계 서비스의 변화 요인과 작용 범위

* MA, 2005

의성 전통수리농업 시스템의 공급 서비스

의성 전통수리농업 시스템의 가장 큰 공급 서비스는 물 공급이다. 즉 이 시스템의 가장 중요한 목표는 부족한 물을 공급하는 것이다. 다음으로는 농업생산물 공급이다. 벼와 마늘, 기타 밭작물과 과수가 대표적이라고 할 수 있다. 과거 소류지와 논 등에서 잡아 부족한 단백질 보충원으로 활용했던 민물고기 공급도 공급 서비스에 해당된다.

의성 전통수리농업 시스템의 조절 서비스

의성 전통수리농업 시스템의 조절 서비스에서 가장 큰 효과는 물 조절을 통한 토사 유실과 유기물 유실 방지 효과다. 산지에 입지한 논과 밭은 여름철 집중호우가 내릴 경우 토사와 토양 내 영양 물질의 유실이 다량 발생할 수 있다. 그러나 소류지를 조성함으로써 빗물이 지표면을 흐르는 속도가 감소되어 토양 유실이 적어지고, 토양 양분이 저수지에 축적됨에 따라 유기물 유실을 방지할 수 있다. 이외에 빗물을 저장함으로써 생겨나는 여름철 온도 저감 효과도 조절 서비스에 해당한다.

의성 전통수리농업 시스템의 문화 서비스

의성 전통수리농업 시스템의 문화 서비스는 오랜 기간 농업 활동을 통해 축적된 농업 관련 전통 지식, 지역의 단합을 위한 축제와 제사 등이 중요한 문화 서비스다. 또한 이 과정에서 생성된 이 지역만의 독특한 경관도 문화 서비스의 중요한 요소다.

의성 전통수리농업 시스템의 부양 서비스

의성 전통수리농업 시스템 부양 서비스에서 가장 중요한 요소는 물 부족 지역에 소류지를 조성하여 수중·수변생물들이 서식할 수 있는 서식 기반을 제공했다는 점이다. 이 특성은 의성의 서식지 다양성을 높여 다양한 생물종이 살아갈 수 있는 기틀을 마련했다는 점에서 매우 중요하다. 이외에 꽃가루받이 작용, 광합성 작용, 토양 생성 등이 의성군의 생태계 서비스를 유지하는 부양 서비스에 해당된다.

의성군 금성면 운곡리 안지의 수통과 못종

6
의성의 경관

의성 농업유산 지역은 사화산인 금성산과 비봉산을 중심으로 금성면, 가음면, 춘산면, 사곡면에 둘러싸여 산지에서 농경지, 마을, 평야, 하천으로 이어지는 경관을 형성하고 있다. 이 지역은 주민들이 만든 저수지(소류지)가 수천 개가 있어 산림·농경지·주거지 경관 곳곳에 작은 저수지가 연속적으로 분포하는 독특한 전통수리농업 경관을 보유하고 있다.

의성의 경관 구조

산지와 평지가 조화된 복합 경관 형성

의성은 태백산맥과 소백산맥이 감싸는 지형적 특성으로 산맥 사이에 동서로 길게 분지가 형성되어 있다. 이를 기준으로 동부권은 산악지대, 서부권은 논과 밭으로 된 평야 지대로 구분된다. 그래서 의성은 산지 경관과 평지 경관을 동시에 형성하는 지역이다.

평지 지형은 의성군 서쪽의 위천을 따라 안계면·단북면·다인면에 걸쳐 장방형 침식분지가 형성되어 있으며, 특히 안계평야는 의성군의 식량 생산을 위한 중요한 지역으로 자리 잡고 있다. 서쪽에 있는 금성산 주변의 금성면, 사곡면, 춘산면, 가음면은 의성을 대표하는 구릉형 산지 지형을 갖추고 있어 안계평야 지역과는 확연히 다른 경관을 보인다. 이처럼 의성은 분지형의 평지 지형과 태백산맥과 소백산맥의 영향을 받은 산지 지형이 발달해 지역을 이동하면서 평지 경관과 산지 경관이 변화하는 다채로운 경관을 볼 수 있다.

지형적 특성에 따라 의성의 경관을 공간적으로 구분하면, 논 경작에 적합한 토지로 구성되어 있는 안계평야 일대와 논 경작에 불리한 토지로 구성된 금성산 일대로 구분할 수 있다. 이러한 특성은 의성의 농업 경관 형성에도 영향을 미치고 있다.

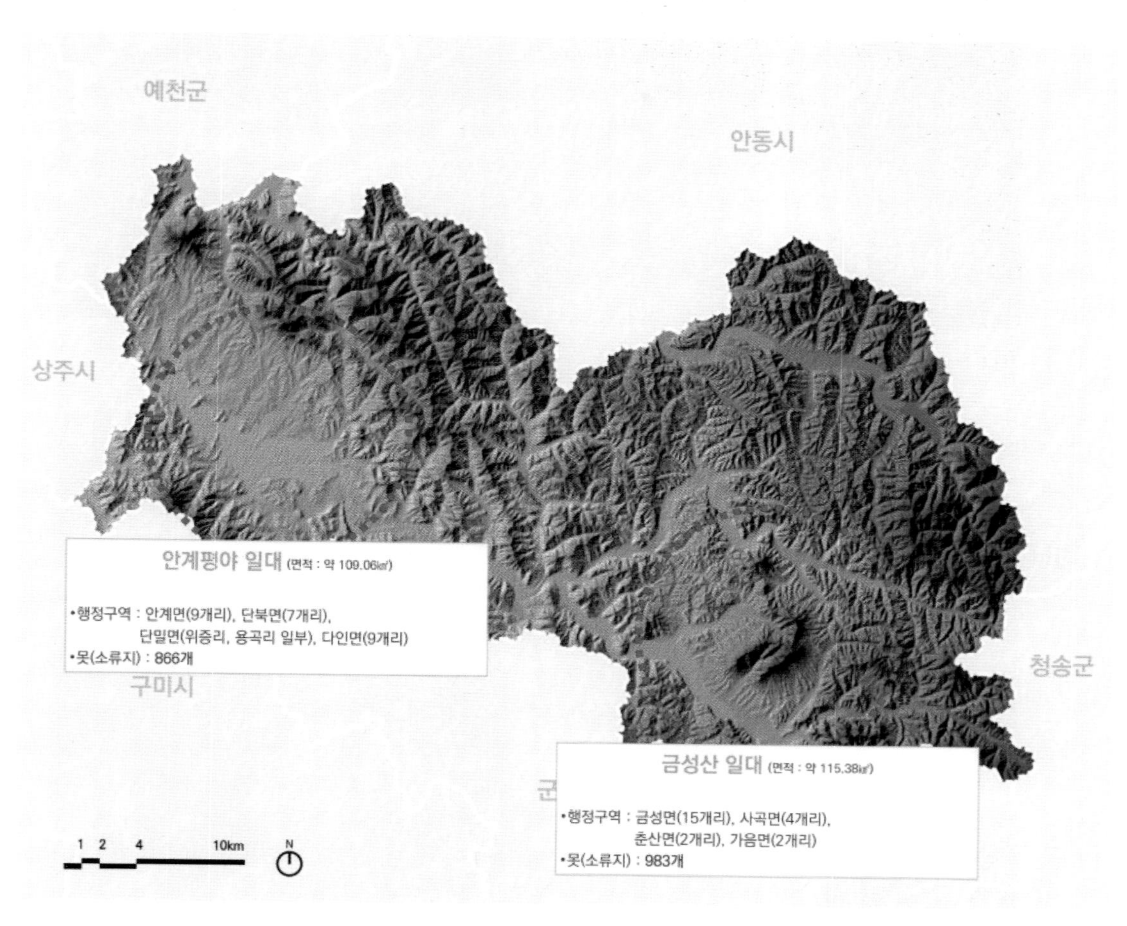

의성군 지형도[60)]

***

60) 의성군,『의성 전통수리농업 시스템 보전·활용 종합계획』, 2021

금성면 일대 산지 경관(ⓒ오명찬, 2021)

안계면의 평지 경관(ⓒ의성군)

전통수리농업 경관

열악한 농업환경을 극복한 전통수리농업 경관

의성군 남동쪽에 있는 농업유산 지역은 사화산인 금성산(530m)과 비봉산(670m)을 중심으로 4개 면(금성면, 가음면, 춘산면, 사곡면)에 둘러싸여 산지에서 농경지, 마을, 평야, 하천으로 이어지는 경관을 형성하고 있다.

이 지역은 대한민국 최소우 지역으로, 주민들이 만든 저수지(소류지)가 약 6,000여 개 분포해 있다. 따라서 의성은 산림·농경지·주거지 경관 곳곳에 작은 저수지가 연속적으로 분포하는 독특한 전통수리농업 경관을 보유하고 있다.

농업유산 지역인 금성산 일대에는 총 594개의 못(소류지)이 금성산을 중심으로 분포해 있다. 특히 못종이 있는 저수지는 83개소로, 전통 수리 시설 기능을 보유하고 있어 의성만의 전통수리농업 경관을 현재까지 보전하고 있다.

의성 지역의 못은 수리 구역(蒙利區域)[61]에 맞추어 조성하고, 수로로 연결되어 있다. 상류의 물을 하류로 보내 논농사에 이용할 수 있도록 한 것이다. 특히 금성산 일대는 마늘 농사 후 논농사를 짓는 이모작 형태의 농업을 많이 하고 있다. 마늘밭을 논으로 이용하려면 물이 많이 필요하다. 그래서 모내기 철이 되면 못에 설치되어 있는 못종을 뽑아 마늘밭에 물을 대어 논으로 만든다. 이렇게 마늘밭이 논으

***

61) 저수지, 보와 같은 수리 시설에 의해 물이 들어와 농사에 혜택을 입는 구역

의성 '산림-못-농경지-마을'이 연결되는 전통수리농업 경관[62)]

***

62) 의성군, 『의성 전통수리농업 시스템 보전·활용 종합계획』, 2021

6월의 마늘밭 경관

수확이 끝난 마늘밭에 물을 대어 논으로 바꾸는 모습

로 변화하는 농업 경관은 의성 지역에서만 볼 수 있는 독특한 경관이다.

금성산 일대 '못-농경지-마을'이 조화된 농업유산 경관

의성 농업유산의 핵심 지역인 금성면 일대는 금성산을 배경으로 산림 경계부와 농경지가 만나는 골짜기가 곳곳에 있다. 바로 이 골짜기에 산에서 흘러내리는 물을 가두어 놓기 위한 작은 못(소류지)이 조성되어 있다. 그리고 그 아래에 농경지(밭, 논)가 있으며, 각각의 소류지는 수로와 논을 통해서 서로 연결되어 있는 연속된 경관을 형성하고 있다.

대표적으로 금성면 탑리와 산운리 일대는 산림과 못(소류지)·수로가 연결되어 있고, 주변에 마을이 형성된 독특한 농업 경관이다. 이러한 농업 경관은 인간이 환경에 적응하고 상호작용을 통해 진화하면서 형성된 지속 가능한 경관으로, 농업유산 경관의 가치를 보여 준다.

금성면 탑리 일대의 금성산과 소류지 경관(©구진혁, 2021)

금성면 산운리 일대 소류지·농경지·주거지 경관(ⓒ구진혁, 2021)

저수지와 농경지가 조화된 마을 경관(ⓒ오명찬, 2021)

'마늘-벼농사' 중심의 평야지 이모작 농업 경관

의성의 농가 비율은 65%로 주민 대부분이 농업에 종사한다. 식량 생산량은 90%가 수도작(水稻作)[63]이며, 최근 수도작 재배 후 이모작을 통해 마늘의 생산량이 증가하고 있다. 이러한 농업 여건의 변화로 금성산 북쪽과 서쪽에 형성된 평야지에는 마늘과 벼를 연이어 농사짓는 이모작 농업의 농업 경관이 새롭게 형성되었다.

한지형 마늘 농업은 10월에서 이듬해 6월까지이고, 벼농사는 6월 말에서 10월까지 짓는다. 이러한 농업 형태는 6월 말(하지 전후) 일주일 전후로 해서 일제히 마늘 밭농사에서 논농사로 농업 경관이 바뀐다. 이러한 농업 경관은 의성 지역 농민들이 농업환경 변화에 적응하며 그에 맞는 농업 활동을 지속하였기 때문에 형성될 수 있었다.

4월, 평야지 마늘 농업 경관(ⓒ구진혁, 2021)

6월, 마늘 농사에서 벼농사로 전환되는 경관(ⓒ구진혁, 2021)

***

63) 논에 물을 대어 벼농사를 지음.

의성의 봄 농경지 경관(ⓒ오명찬, 2021)

의성의 가을 농경지 경관(ⓒ오명찬, 2021)

골짜기를 따라 작은 저수지가 연계된 수(水) 경관

금성산 북쪽 사면의 사곡면 작승리 일대는 골짜기를 따라 크고 작은 소류지가 수로로 연결되는 수(저수지) 경관을 형성하고 있다. 골짜기 주변의 작은 소류지는 작승리 일대의 다랑이논과 밭에 물을 공급하고, 상대적으로 규모가 큰 저수지(설못(신리리 저수지))는 평야지 논에 물을 공급하는 수 경관의 형태를 잘 보여 주고 있다.

특히 금성면 운곡리에 있는 운곡지의 수 경관은 도시민의 관심을 이끌기에 충분하며, 세계 어느 나라의 농업 경관과 비교해도 뒤떨어지지 않는 경관이다.

사곡면 작승리 마을 맨 위쪽의 반달 모양 설물지는 해발 200m 고도에 있으며, 못종 형태의 전통적인 배수 구조로 되어 있다. 설물지와 연결된 수로를 따라 주변에 습지가 분포하고 있어 다양한 생물이 살 수 있는 수변 비오톱 경관을 형성하고 있다.

한눈에 보는 못과 경작지의 농업 경관(ⓒ오명찬, 2021)

작승리의
연속된 소류지 경관
(©구진혁, 2021)

금성면 운곡리의
저수지(운곡지) 경관

작승리의 설물지 수변 비오톱 경관(ⓒ구진혁, 2021)

농업 활동 속 형성된 마을 경관

300년 이상 역사가 깃든 산수유 꽃피는 마을

의성군 사곡면 화전리에는 조선시대부터 자생한 산수유가 군락을 이루고 있는 '산수유 꽃피는 마을'이 아름다운 경관을 이루고 있다. 산수유나무는 농민들에게는 매우 특별한 나무다. 이 나무의 열매는 한약재로 이용, 비싼 가격에 판매되어 자녀를 대학에 보냈다고 해서 '대학나무'로 불렀다고 한다.

산수유 꽃피는 마을은 길이 8㎞, 넓이 6ha에 수령 15~300년생의 산수유나무가 약 3만 그루가 자생하면서 봄과 가을에 이채로운 경관을 보여 주고 있다. 산수유꽃은 매년 3~4월에 개화되고, 열매는 10월경에 익어 붉은색을 띤다. 그래서 이 마을은 노란 꽃이 피는 봄뿐만 아니라 붉은 열매가 열리는 가을 경관도 매우 아름답다.

산수유 꽃피는 마을은 2008년부터 매년 3~4월 사이 '산수유마을 꽃맞이' 행사를 시행해 방문객의 좋은 평가를 받고 있다. 2018년 관객수 150만 명을 기록한 영화 〈리틀 포레스트〉의 산수유 풍경이 바로 이곳 마을의 경관이다. 여주인공(김태리 분)이 자전거를 타고 시골길을 달리는 장면은 농촌 마을 경관의 아름다움을 도시민에게 전달하는 효과를 주었다. 이제 산수유 꽃피는 마을은 의성 지역을 찾는 관광객들의 필수 코스로서 유명한 관광 명소가 되었다.

의성 산수유 꽃피는 마을(ⓒ의성군)

의성 산수유마을 꽃맞이 행사(ⓒ의성군)

2023년 의성 산수유마을 꽃맞이 행사 포스터(ⓒ의성군)

영화 〈리틀 포레스트〉 포스터(ⓒ씨네21)

주민 생계유지를 위한 지혜의 산물 '마늘 건가 시설'

의성마늘은 한지형 마늘로, 전국 1위의 생산량을 자랑한다. 재배 면적은 1,444ha, 농가수 2,820호, 생산량 1만 4937톤, 조수입은 529억 원(의성군 농업기술센터)으로 의성 농민의 생계에 큰 영향을 미치는 농산물이다.

마늘은 재배 기술 못지않게 건조 및 저장 기술이 중요하다. 마늘 부패율 증가 원인은 상당 부분이 수확 후 관리 문제에 따른 것이기 때문이다. 의성의 한지형 마늘 수확기는 보통 6월 중순~하순으로, 장마 기간과 겹친다. 따라서 습한 환경으로부터 온전하게 건조 및 저장할 수 있는 기술이 무엇보다 중요하다.

마늘은 수확 후 건조시켜 저장한다. 이때 마늘을 20~100개 단위로 엮어 가급적 서로 닿지 않게 천장에서 30cm, 지상에서 50cm 떨어지게 매달고 장기 저장을 위해 수분 함량은 65% 정도가 되도록 건조시켜야 한다.[64]

이런 조건에 맞춘 마늘 건조를 위해 의성 지역에서는 일찍이 '마늘 건가 시설'을 만들어 이용하였다. 이 시설은 충분한 건조 공간 확보와 통풍이 잘되는 장소에 폭이 좁고 길게 설치, 평소에는 아래 공간을 창고 및 외양간 등으로 활용하도록 만들었다. 마늘 건가 시설은 흙과 나무로 만든 전통 양식부터 콘크리트, 철제 파이프로 만든 현대적 양식까지 다양하게 전승되어 오고 있다.

의성은 마늘 수확기가 되면 마늘 건가 시설에서 마늘을 다듬고 건조하는 농민의 모습으로 활기를 띤다. 마을 곳곳에 펼쳐지는 건조 중인 마늘들로 꽉 찬 마늘 건가 시설의 진풍경은 매우 이채롭다. 이 독특한 경관은 곧 의성 주민의 삶이 그대로 투영된 의성 지역 특유의 마을 경관이라 할 수 있다.

***

64) 농촌진흥청, 〈이달의 농업기술-마늘 수확 및 저장〉, 《농사로》, 2017

목조 구조체의 마늘 건가(©구진혁, 2021)

목조 구조체의 마늘 건가(©백승석, 2023)

콘크리트 구조체의 마늘 건가(©구진혁, 2021)

철골 구조체의 마늘 건가(©오명찬, 2021)

마늘 농업 과정이 형성된 문화 경관

국가중요농업유산으로 지정받기 위해서는 농업 활동과 관련된 특별한 경관이 형성되어야 한다고 규정하고 있다. 농업유산 경관은 자연경관 이외 농업 활동을 하는 주민이 포함되어 물리적 경관과 사회적 문화에 의해 형성된다. 이러한 경관을 유네스코에서는 세계유산 등록에 관한 협약에서 "인간과 자연과의 상호작용에

수확기가 다가오는 마늘밭(ⓒ오명찬, 2021)

마늘을 수확하는 농민들(ⓒ오명찬, 2021)

건조, 저장을 위한 마늘 다발 묶기(ⓒ오명찬, 2021)

마늘 건가 시설에 옮기기(ⓒ오명찬, 2021)

의하여 만들어진 경관을 문화 경관"이라 정의[65]하고 있다.

의성 지역은 전통수리농업 시스템에 의한 마늘 농업과 연관되어 형성된 문화 경관이 다양하다. 의성마늘 농업은 마늘 재배지 경관 등 물리적 경관뿐 아니라 농업 활동에서 비롯된 독특한 경관이 나타난다. 매년 6월 마늘을 수확하고, 이 마늘을 다발로 묶어 마늘 건가 시설에 건조하는 농업 활동에서 주민의 삶이 그대로 투영되는 문화 경관이 형성되어 이채롭다.

***

65) UNESCO, 〈Preparing World Heritage Nomintions〉, 2011, pp. 19~27

화산과 고대국가의 흔적이 있는 역사 경관

고대국가 조문국의 문화를 느낄 수 있는 역사 경관

의성군 금성면 일대에는 의성 금성산고분군(사적 제555호)[66]이 있다. 이 고분군은 부족국가인 조문국의 고분으로, 금동관·의성 양식 토기 등 다양한 유물들이 출토되어 그 시대의 찬란했던 문화를 대변하고 있다. 조문국에 관한 기록은 『삼국사기』에서 확인할 수 있는데, 현재는 조문국 경덕왕릉으로 추정되는 능을 중심으로 박물관과 고분전시관에서도 확인할 수 있다. 의성 조문국박물관과 조문국고분전시관은 역사 경관으로서 지역 주민의 자긍심을 고취시키고, 방문객에게는 의성 지역의 역사와 문화를 알리는 역할을 하고 있다.

***

66) 2020년 4월 1일 사적 제555호로 지정

조문국 사적지 근경(©구진혁, 2021)

조문국 사적지 원경(©오명찬, 2021)

조문국 사적지 중경(©구진혁, 2021)

첫물내리기를 지내는 마을 사람들

첫물을 내리기 위해 못종을 뽑는 못도감

제사 후 음식을 나눠 먹는 마을 주민들

의성군 금성면 운곡리의 첫물내리기 행사(ⓒ구진혁 외, 2021)

또 의성에는 가뭄으로 논에다 물을 퍼 넣을 때 부르던 〈뜨레질〉 소리, 논을 매면서 부르던 〈논맴소리〉, 논을 매고 돌아오던 길에 부르던 〈치야 칭칭(결채)〉, 못 축조 과정(심통 다지기)에서 망깨로 흙을 다지며 부르던 〈망깨소리〉 등의 전통 농요가 전해진다. 최소우 지역이라는 불리한 환경을 극복하고자 마음과 정성이 고스란히 담긴 단비를 기원하며 지내던 '기우제', 마을사람들의 건강과 풍년을 기원하는 '동제', 한 해의 풍년과 마을의 안녕을 기원하는 '첫물내리기' 등 의성의 전통 생활문화는 지금도 전해진다. 이는 모두 훌륭한 전통문화형 농촌유산으로서 이를 활용하면 더욱 다양한 문화관광 콘텐츠 개발이 가능하다.[95)]

***

95) 의성군,『의성 전통수리농업 시스템 보전·활용 종합계획』, 2021, pp. 154~162

의성 슈퍼푸드 마늘축제

구봉산 유아숲 체험원

교촌 농촌 체험 마을

농어촌인성학교 만경촌

(주)애플리즈

가람솔 영농조합법인

의성의 주요 축제 및 체험 시설(ⓒ의성군)

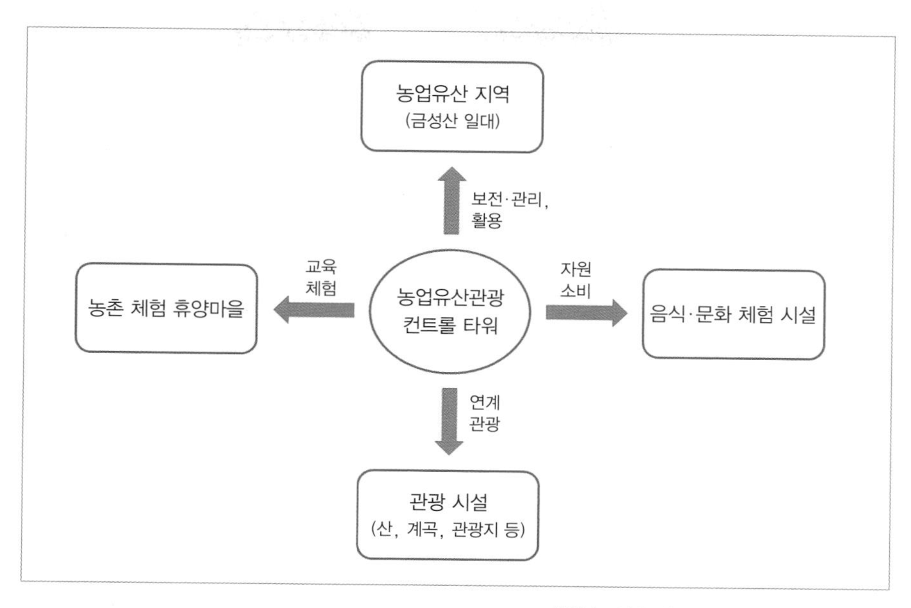

의성 농업유산관광 컨트롤타워의 역할

또 농업유산 지역을 포함한 농촌마을 중심으로 다양한 지역 관광자원, 관광 인프라를 하나의 시스템 안에서 총괄할 수 있는 컨트롤타워를 구축, 그 역할이 중요하다.

컨트롤타워는 먼저 농업유산의 보전 및 관리를 통한 활용 방안을 모색해야 한다. 전통수리농업 시스템을 활용한 에코뮤지엄 등의 정책을 수립하고, 이를 활용하여 관광자원화해야 한다. 그리고 농촌유산의 개념을 접목하여 농촌이라는 공간에서 농업유산에 대한 교육·체험이 이루어질 수 있도록 교육 시설 및 프로그램 개발에 지원해야 한다. 또 음식·문화 체험 시설에서는 농업유산 지역에서 생산된 농산물을 소비하거나, 아니면 관련된 문화자원이 소비될 수 있도록 정책적으로 지원해야 한다. 마지막으로 농업유산 관광객들이 지역 내 다른 관광지 및 시설에도 방문할 수 있도록 정책적인 지원(지역상품권, 스탬프 투어 등)이 필요하다.

전통수리농업 시스템의 경제적 가치

우리나라 농업유산에 대한 경제적 가치는 아직까지 추정되어 있지 않다. 하지만 일부 문화유산, 자연유산에 대한 가치 평가는 몇몇 선행 연구에서 찾아볼 수 있다.

이영경은 문화유산자원(불국사 석굴암)의 경제적 가치를 측정하였다.[103] 그는 조건부가치측정법(Contingent valuation method)을 이용하여 392명을 대상으로 측정하였다. 그 결과 응답자의 지불 의사 금액(Willing to Pay)은 활용 가치가 평균 7,302~8,668원, 문화적 보존 가치가 평균 9,127~9,857원, 자연적 보존 가치가 평균 5,682~7,284원으로 나타났다.

계서운·이충기는 관광객의 장소 애착 수준에 따라 유네스코 세계유산으로 지정된 중국 대운하의 경제적 가치를 추정하였다.[104] 이를 위하여 중국 양주 지역의 대운하를 방문한 305명의 방문객을 대상으로 보존 가치에 대한 연간 가구당 지불 의사 금액을 추정하였다. 그 결과 지불 의사 금액이 저애착 집단에서는 평균 35.7위안, 고애착 집단에서는 평균 481.0위안으로 나타나 저애착 집단보다는 고애착 집단의 지불 의사 금액이 큰 것으로 나타났다.

***

103) 이영경, 「문화유산자원의 경제적 가치 평가-불국사, 석굴암을 중심으로」, 《한국전통조경학회지》 26(1), 한국전통조경학회, 2008, pp. 35~43

104) 계서운·이충기, 「Estimating the value of a UNESCO World Heritage Site using a contingent valuation method : Role of place attachment」, 《호텔경영학연구》 26(6), 2017, pp. 51~67

정다혜·임화순은 조건부가치측정법을 이용하여 가파도 청보리축제의 경제적 가치를 추정하였다.[105] 그들은 축제 방문객을 추정하거나 최근 3년간 방문객 수의 평균을 활용하여 총 3개의 시나리오를 통하여 경제적 가치를 추정하였다. 그 결과 1인당 지불 의사 금액은 평균 3,262원이었고, 총 경제적 가치는 각 시나리오에 따라 1억 3325만 5962원, 1억 1634만 2492원, 1억 2479만 7596원으로 추정되었다.

이와 같은 선행 연구에서는 대표적인 비시장재 가치 추정 방법인 조건부가치측정법을 활용하여 문화유산, 지역축제 등의 가치를 추정하고 있다. 그리고 이는 해당 문화유산, 지역축제를 방문하는 관광객을 대상으로 보존 및 활용을 위한 지불 의사 금액을 추정하는 방법을 채택하고 있다. 따라서 농업유산의 경제적 가치도 가장 현실적인 활용 방법인 관광과 연계하여 추정하는 것이 바람직하며, 그 응답 대상은 농업유산을 방문하는 관광객(또는 방문객)이 될 것이다.

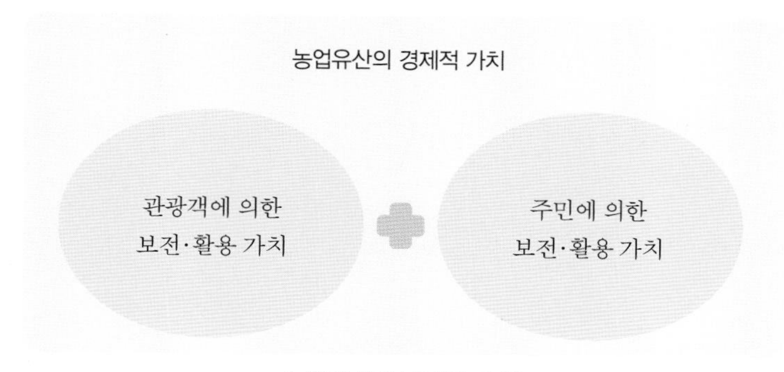

농업유산의 경제적 가치

***

105) 정다혜·임화순, 「가파도 청보리축제의 경제적 가치 추정 연구-조건부가치측정법을 적용하여」, 《관광레저연구》 31(9), 한국관광레저학회, 2019, pp. 219~233

하지만 농업유산의 경제적 가치가 반드시 관광객에 의해서만 창출되는 것이 아니다. 농업유산을 활용하는 지역 주민들의 보전 및 활용 가치도 반영되어야 한다. 주민들이 지역의 농업유산을 위하여 지불 의사가 있는 금액을 추정하고, 그 농업유산을 통하여 생산된 경제적 가치도 같이 고려해야 한다. 따라서 농업유산의 경제적 가치는 관광객과 지역 주민들이 해당 농업유산을 보전 및 활용하기 위하여 지불할 의사가 있는 금액의 총액이라고 할 수 있다.

9 농업유산의 지속가능성

의성 농업유산의 보존과 지속가능성 중심에는 주민 참여와 행정 지원 그리고 관련 전문가와 지역활동가 참여가 함께하는 거버넌스 구성이 필요하다. 의성 고유의 전통수리농업이 지속되기 위해서는 수리 시설 이용 및 관리를 위한 물 관리 공동 조직인 '수리계'가 지속되어야 하고, 마을공동체 문화의 보전 측면과 농업유산의 가치를 활용한 부가가치 창출 측면에서도 마을 주민의 참여와 주민단체 협력 네트워크 구축이 반드시 필요하다.

주민 참여를 통한 지속 가능한 지역 상생

의성의 주민 거버넌스(Governance)

의성 농업유산의 보존과 지속가능성 중심에는 주민 참여와 행정 지원 그리고 관련 전문가와 지역활동가 참여가 함께하는 거버넌스 구성이 필요하다.

농업유산 계획 초기에는 핵심 마을을 중심으로 주민협의체를 구성하고 전문가의 참여를 통한 농업유산 자원 발굴과 행정 지원으로 농업유산 등재와 보전 활용 계획 수립이 필요하다. 그리고 핵심 마을을 중심으로 주민 역량 강화를 통한 농업유산 대상 마을의 확대와 다른 단체들과의 협력적 관계 형성이 이루어져야 한다.

특히 국가중요농업유산 지정 이후 주민 참여가 필수적인 보전·관리 활동과 자체 규약, 농업유산 자원의 홍보·마케팅, 그리고 주민 참여를 통한 농업유산 자원의 모니터링을 통해 농업유산 지역 주민협의체가 활동 영역을 확대해 나가야 한다.

다음 그림은 의성 전통수리농업 시스템상의 농업유산 발굴, 계획, 시행 및 활동 단계 그리고 모니터링까지 4단계에 걸쳐 농업유산 지역이 단계별로 성장하는 데 필요한 주민 참여 방안에 대한 발전 방향을 제시하고 있다. 현재 의성은 이 계획에 따라 차근차근 주민 참여 확대와 농업유산 협의체 구성을 진행하고 있다.

조문국 사적지 일대에는 경덕왕릉으로 추정되는 무덤을 중심으로 사적지 공원이 잘 조성이 되어 있다. 둥근 곡선의 고분군이 만들어 내는 작은 동산은 금성산을 배경으로 멋진 초록의 풍경을 제공하며, 그 사이로 이어진 산책로는 의성 조문국 박물관과 연결되어 있어 의성을 찾는 관광객들의 발길을 모으고 있다. 또한 산운 생태공원, 산운전통마을 등 연계 가능한 다양한 관광자원을 보유하고 있다.

금성산 에코뮤지엄은 크게 '농업유산-역사자원-지질자원'으로 구성이 가능하다. 따라서 이를 중심으로 한 거점을 조성하고 관련 콘텐츠 개발, 해설사 양성을 통해 관광객 유입과 지역 활성화를 기대할 수 있다.

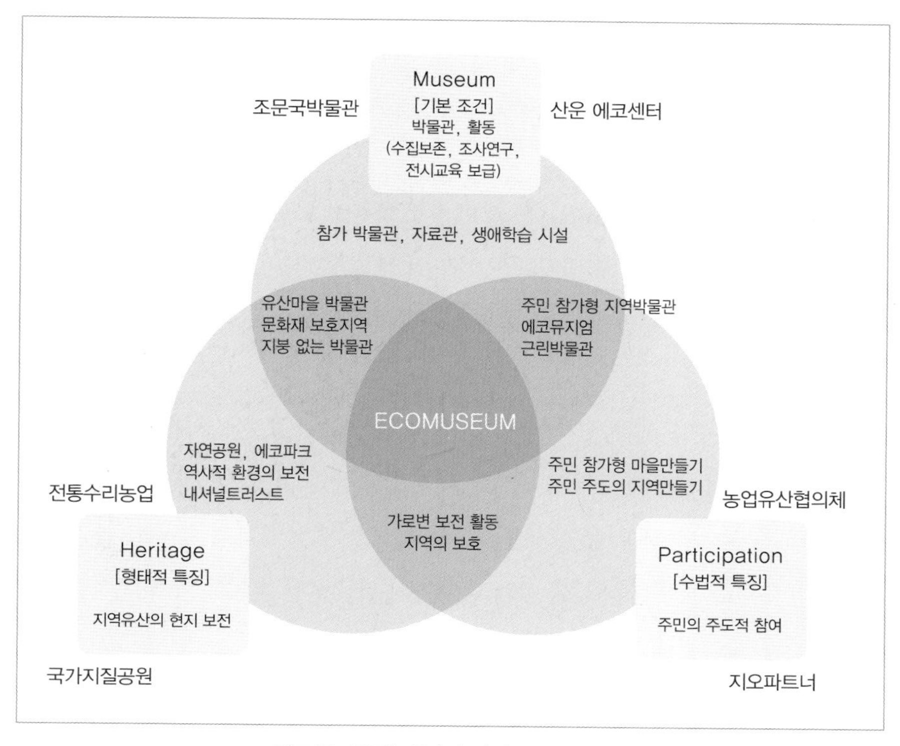

에코뮤지엄의 개념과 의성군 연계 자원

에코뮤지엄 거점은 의성의 자원들을 홍보하고 체험할 수 있는 공간으로, 전통 수리농업 유산 홍보관, 지역 주민이 운영하는 다양한 체험장과 체험 프로그램 개발 및 운영이 필요하다. 에코뮤지엄 관련 콘텐츠로는 금성산을 중심으로 다양한 자원들을 연계한 탐방로 및 전망대 조성 등이 추가되어야 할 것이다. 에코뮤지엄 해설사는 지역 주민들을 대상으로 에코뮤지엄에 대한 전반적인 이해와 의성 농업유산·조문국·의성 지질자원 등에 대한 교육을 통해 양성할 수 있으며, 이들은 방문객들에게 해설 활동을 함으로써 금성산 에코뮤지엄의 핵심 주체로서 다양한 역할을 수행할 수 있다.

금성산 에코뮤지엄 거버넌스 구축

거버넌스란 "자율적인 조직들 간 각 개별적 목표의 공동 성취를 위한 긴밀한 관계"이다.[106] 이는 관 주도의 일방적인 하향식 체계가 아닌 관련 주체들의 협업을 바탕으로 하며, 특히 시민·전문가 또는 시민단체·행정의 3개 주체의 협력적 관리 체제를 의미한다.

에코뮤지엄은 기존 박물관과 달리 건물 내 어느 장소를 한정하지 않고 지역에 산포되어 있는 유산이나 무형의 기억을 대상으로 한다. 따라서 지역 주민이 유산 및 기억을 수집·보존하고 설명하는 역할을 하므로 행정 경계와 부문별 칸막이를 뛰어넘어 주민을 비롯한 다양한 이해 당사자의 적극적인 참여와 협력을 이끌어내

***

106) 사득환, 「지방정부 간 물 관리 정책과 협력적 거버넌스-소백산권 상수도 설치사업을 중심으로」, 《한국공공관리학보》 35(1), 한국공공관리학회, 2021, PP. 123~144

는 것이 중요하다. 또한 지역 주민들의 역량 증진과 더불어 점진적, 단계적으로 추진되어야 한다.[107)]

금성산 에코뮤지엄 거버넌스의 각 주체별 역할은 다음 표와 같다. 우선 의성군은 각 주체별로 각종 행정적 절차 추진 및 법적·행정적 실행 가능성 검토, 행사 개최 및 홍보, 예산 및 인센티브 제도 등 행정적 제반 마련을 통한 각종 사업 지원과 관리 등의 역할을 수행해야 한다. 다음으로 전문가들을 중심으로 한 중간 지원 조직은 행정과 주민 사이의 각종 협의 진행 및 활동 지원, 주민 교육 등 각종 프로그램 운영 및 모니터링 수행·자문, 관련 기록 정보 업데이트, 행사 기획 및 운영, 체계 구축, 콘텐츠 발굴, 주민 섭외, 각종 연구 수행, 국내외 교류를 통한 의성 농업유산의 가치 공유를 위해 노력해야 한다. 마지막으로 금성산 에코뮤지엄의 핵심 주체로서 주민들은 전 단계에 걸쳐 의견 제시 및 각종 사항 이행, 교육 참가 및 프로

금성산 에코뮤지엄 거버넌스 주체별 역할

주 체		역 할
의성군	에코뮤지엄 TF(관계 부서)	행정적 절차 추진, 법적·행정적 실행 가능성 검토, 행사 개최 및 홍보, 예산 및 인센티브 제도 마련 등 행정적 제반 마련을 통한 각종 사업 지원 및 관리 등
지역 공동체	농촌 활성화 지원센터 이웃사촌 지원센터 의성군 통합해설사	행정과 주민 사이의 각종 협의 진행 및 활동 지원, 주민 교육 등 각종 프로그램 운영 및 모니터링 수행·자문, 관련 기록 정보 업데이트, 행사 기획 및 운영, 체계 구축, 콘텐츠 발굴, 주민 섭외, 각종 연구 수행, 국내외 교류를 통한 의성 농업유산의 가치 공유 등
주민	농업유산 주민협의체 국가지질공원 지오파트너	전 단계에 걸쳐 의견 제시 및 각종 사항 이행, 교육 참가 및 프로그램 수행, 주기적 조사 및 기록, 각종 인터뷰 참여, 가이드·해설사 활동 등

***

107) 여형범, 「에코뮤지엄을 통한 충남 자연환경 보전 방안」, 《충남리포트》 78호, 2013

그램 수행, 주기적 조사 및 기록, 각종 인터뷰 참여, 가이드·해설사 활동 등에 적극적으로 참여해야 한다. 이러한 협력적 거버넌스 구축은 금성산 에코뮤지엄 성공의 원동력이 될 것이다.

금성산 에코뮤지엄의 지속 가능한 성장을 위해서는 거버넌스의 핵심 주체로서 주민들의 역량 증진이 필수적이다. 주민들은 우선 지역공동체의 가치를 발견, 사람 간 네트워크 형성을 위해 지역의 정체성을 찾고 지역민으로서 자긍심을 가져야 한다. 다음으로 지역 사람과 자원의 연합을 위해 지역공동체와 지역자원의 네트워크를 형성하면서 지속적으로 학습이 이루어지도록 해야 한다. 마지막으로 에코뮤지엄이 외부와 관계를 맺을 수 있도록 지역을 찾은 방문객, 또는 같은 취지를 갖는 단체들과의 연합 활동 등 외부와의 네트워크를 연결해야 한다. 이는 에코뮤지엄 조성에서 운영까지 전 과정에 걸쳐 지역민과 함께 성장하는 지역유산으로서의 가치를 더욱 증대시킬 것이다.